Alex Glas

Sozioökonomische „Verwundbarkeit" durch Globalisierung: Beispiele aus Lateinamerika

GRIN Verlag

Bibliografische Information der Deutschen Nationalbibliothek:

Die Deutsche Bibliothek verzeichnet diese Publikation in der Deutschen Nationalbibliografie; detaillierte bibliografische Daten sind im Internet über http://dnb.d-nb.de/ abrufbar.

Impressum:

Druck und Bindung: Books on Demand GmbH, Norderstedt Germany
ISBN: 978-3-640-28382-8

Dieses Buch bei GRIN:

http://www.grin.com/de/e-book/123269/soziooekonomische-verwundbarkeit-durch-globalisierung-beispiele-aus

Proseminar: Globalisierung, Regionalentwicklung und Regionalanalyse

5. Semester

Sozioökonomische „Verwundbarkeit“ durch Globalisierung: Beispiele aus Lateinamerika

Glas Alexander

Inhaltsverzeichnis

1. Einleitung

„Es ist alles sehr kompliziert“ (Fred Sinowatz – ehemaliger österreichischer Bundeskanzler). Ich stelle diesen Satz an den Anfang, weil er die Verflechtungen von Ursachen und Wirkungen sozioökonomischer Verwundbarkeit und Globalisierung treffend ausdrückt. Welche Auswirkungen global ablaufende Prozesse auf die Menschen in Lateinamerika und andere Entwicklungsländer haben, ist nicht eindeutig empirisch belegbar. Bevölkerungsgruppen oder Regionen in Gewinner und Verlierer einzuteilen wird der Komplexität der ablaufenden Prozesse jedoch nicht gerecht. Während die Globalisierungsfolgen auf Volkswirtschaften noch relativ gut statistisch erfasst werden können, erfordert die Untersuchung der Auswirkungen auf Individuen (mikroökonomische Ebene) extrem langwierige und interdisziplinär angelegte Forschungen.

Der quantitative Zugang zu Verwundbarkeit und sozialer Ausgrenzung erweist sich als sehr schwierig, Verwundbarkeit ist ein mehrdimensionaler und dynamischer Prozess (Dittrich 2004). Zur Beurteilung von Verwundbarkeit ist die Verknüpfung von externen Verursachungsfaktoren und internen Reproduktionsbedingungen der verwundbaren Gruppen notwendig (Neuburger 2003). Aber auch die Reproduktionsverhältnisse von ausgegrenzten Menschen sind komplex und wandeln sich permanent. Die neuen Formen der Armut lassen sich auch deshalb nur schwer erfassen, weil sie sich wie der Begriff Exklusion schon vermuten lässt im informellen Sektor, in der Subsistenzproduktion oder in der Illegalität abspielen.

Um ein wenig Licht ins Dunkel der komplexen globalen Zusammenhänge zu bringen, schränkte ich im ersten Teil den Begriff Globalisierung pragmatisch auf eine für mich „handhabbare“ und im weiteren Verlauf relevante Dimension ein.

Im zweiten Teil konzentrierte ich mich auf die möglichst umfassende Darstellung von Verwundbarkeit. Spätestens hier wird klar, weshalb Globalisierung und Verwundbarkeit immer wieder als multidimensionale Prozesse umschrieben werden.

So versuchte ich mich den Auswirkungen der Globalisierung im lateinamerikanischen Kontext von zwei Seiten zu nähern. Ich wählte einige Teilbereiche der wirtschaftlichen Globalisierung (Liberalisierung des Handels und der Finanzmärkte, Privatisierung, internationale Arbeitsteilung) aus, und suchte nach deren sozioökonomischen Auswirkungen in Lateinamerika. Im vierten Teil werden Globalisierungszusammenhänge anhand von Beispielen an bestimmten lateinamerikanischen Orten durch konkrete Akteure vorgestellt. Diese Vorgangsweise ermöglichte mir Zusammenhänge zu erahnen und einen „weitreichenden“ Einblick.

2. Globalisierung

2.1. Begriffsbestimmung: Globalisierung

Globalisierung ist ein so genannter Beobachtungsbegriff der viele Dimensionen umfasst: Ökologie, Kultur, Wirtschaft, Politik, Angleichung von Lebensweisen und Konsumverhalten, sogar von Wahrnehmung und Bewusstsein. Ich werde mich in dieser Arbeit ausschließlich mit den Folgen der ökonomischen Globalisierung auseinandersetzen, genauer gesagt mit den nachteiligen Folgen der wirtschaftlichen Globalisierung auf Menschen in Lateinamerika, dessen Länder allesamt zu den so genannten Entwicklungs- oder Schwellenländern (emerging markets) gerechnet werden.
Globalisierung beschreibt den Prozess, durch den Ereignisse, Entscheidungen, Aktivitäten in einem Teil der Welt, bedeutende Folgen für Individuen und Gemeinschaften in weit entfernt liegenden Teilen der Welt haben (Gruppe von Lissabon, in: Müller-Mahn 2002, S. 5).
Globalisierung, bezieht sich auf ein Bündel miteinander verbundener Maßnahmen und Prozesse: Deregulierung, Handelsliberalisierung, freier Wettbewerb, Rückzug des Nationalstaates, Privatisierung, Abbau von Zöllen und Regulierungsmechanismen, Finanzmobilität (Lockern der Bestimmungen für ADI), Öffnung der Märkte und Marktsysteme. Prozesse, die mit Neoliberalismus assoziiert werden. Den Begriff will zwar niemand für sich beanspruchen, es hat sich aber als hilfreich erwiesen diese Bezeichnung zu verwenden, da sie Strukturen umfasst, welche die derzeitige Form der Globalisierung erst ermöglichen. Insofern ist sozioökonomische Verwundbarkeit Resultat der Strukturen, die der Globalisierung zugrunde liegen.
Globalisierung verläuft nicht wirklich global, weil sich nur Teile der Welt an globalen Prozessen beteiligen, während der größte Teil der Menschheit ausgeschlossen bleibt. Scholz (2000) spricht von einer „Restwelt“ mit Globalisierungsverlierern, denn Regionen und Bevölkerungsgruppen haben aufgrund ihrer Strukturen und Potentiale unterschiedlichen Anteil an der Globalisierung und unterschiedliche Reaktionsmöglichkeiten.
Die Realität der Globalisierung zeigt, dass nicht zunehmende Verflechtung und breitenwirksame Teilhabe bestimmend sind, sondern ökonomische, gesellschaftliche und räumliche Fragmentierung. Globalisierung ist mit wirtschafts- und sozialräumlichen Ausgrenzungen (Fragmentierung) auf unterschiedlichen Maßstabsebenen zwischen Gewinnern und Verlierern verbunden (Scholz 2003).
Globalisierung ist für Coy (2001) in jedem Fall in höchstem Maße raumwirksam. Veränderungen im Raum, Exklusion und Inklusion treten besonders in Lateinamerika deutlich zum Vorschein, inwieweit diese Prozesse Globalisierungsfolgen sind, ist für mich nicht immer nachvollziehbar.

Unumstritten ist, dass sich globale Veränderungen auch in lokalen Entwicklungen niederschlagen. Weltumspannende Handelsbeziehungen sind zwar nicht neu, die aktuelle Dynamik des Welthandels und die zunehmende Abhängigkeit von lokalen und globalen Entwicklungen sind aber aktuelle Erscheinungen. Konzerne organisieren die Wertschöpfungskette global, neue Produktions- und Verteilungsmuster entstehen, Kapital bewegt sich frei dorthin, wo maximale Profite erwartet werden. Durch die gestiegene Flexibilität der Produktion und Kapitalmobilität verlieren Nationalregierungen immer mehr die Kontrolle über Schlüsselsektoren oder verzichten bewusst darauf. Aufbauend auf den Washington Konsensus wurden verschuldete Entwicklungsländer zusätzlich zur Durchsetzung von Strukturanpassungsprogrammen verpflichtet. Die Umsetzung neoliberaler Maßnahmen zur Belebung der festgefahrenen Volkswirtschaften erfolgte zumindest im Falle der Entwicklungsländer nicht ganz freiwillig. Obwohl das das neoliberale Konzept schon eher der Vergangenheit angehört, rücken dessen negative Auswirkungen (finanzielle Instabilität, jobless growth, Umweltdegradierung, Spannungen zwischen Demokratie und Markt) zunehmend ins Bewusstsein.

Die neue politische Ökonomie hat soziale Ungleichheiten hervorgebracht, mehr als geographische, daher ist die Einteilung der Welt in erste, zweite und dritte obsolet, man spricht von sozialer Exklusion, Marginalisierung und einer 4. Welt, welche die ersten drei mit einschließt. Auch Scholz (2003) sieht in der Marginalisierung nicht mehr allein ein Problem des Südens, sondern durch Globalisierung hat sie eine neue Dimension angenommen. Große Segmente der Gesellschaft erfüllen im neuen Wirtschaftssystem keine nützliche Funktion mehr, weder als Produzenten noch als Konsumenten (Post und Baud, 2002). Sie erleiden aber die Konsequenzen, zunehmend sind auch Gesellschaftsgruppen in den reichen Industrieländern betroffen. Aus dieser „Logik der Globalisierung" heraus entstehen nach Scholz (2003) neue Erscheinungsformen und Gruppen von verwundbaren Bevölkerungsschichten.

2.2. Scheingewinner und Überflüssige

Scheingewinner nehmen am globalen Markt teil und profitieren davon. Doch im Gegenzug müssen sie häufig ihre solidarischen und selbst mitgestalteten Netzwerke sowie ihr vertrautes Lebensumfeld aufgeben. Durch Migration geben sie ihre bescheidene Existenzsicherung auf. Diese Gruppe ist besonders verwundbar, denn bei Verlust des Arbeitsplatzes fallen sie meist in die absolute Armut zurück, weil nur selten die ehemals tragenden sozialen Netzwerke zur Verfügung stehen. Zu ihnen zählen vor allem Weltmarktorientierte bäuerliche Produzenten (Neuburger 2003), Informelle Kleinproduzenten, Handwerker und Händler, Subsistenzbauern und Nomaden, Landlose und Teilpächter, Tagelöhner, strukturell Arbeitslose und Kinderarbeiter, Prostituierte,

Organspender, Schausteller, Bettler und Kranke (Scholz 2003, S.8), Ströbele Gregor (2001) zählt auch die große Zahl der meist weiblichen Billiglohnarbeitskräfte in transnational agierenden Unternehmen dazu.
Die Überflüssigen werden in der globalisierten Wirtschaft weder als Arbeitskräfte noch als Konsumenten gebraucht, deshalb werden sie auch als „Population redundant" bezeichnet, doppelt überflüssig. Ihre Erzeugnisse werden überlokal nicht gebraucht und lokal von Second Hand- und Massenimportwaren verdrängt (Scholz 2003). In der globalen Konkurrenz der Orte, Waren, Arbeitskräfte und Informationen haben sie keine Chance, ihr Leistungsvermögen oder andere eigene Ressourcen einzubringen und an den restrukturierenden globalen Verflechtungen teilzuhaben (Neuburger 2003).
Die meisten ausgeschlossenen Menschen suchen ihre Existenz als Beschäftigte im Informellen Sektor zu sichern. Dieser umfasst mittlerweile bis zu 70% der gesamten städtischen und nicht in der Landwirtschaft Beschäftigten Lateinamerikas (Escher 1999, S. 659).
Dort entwickeln Menschen vielfältige Überlebensstrategien, um die Verwundbarkeit zu minimieren: Revitalisierung der Subsistenzwirtschaft, indigenem Wissen und lokalen Produktionsweisen, Tauschringe, zivilgesellschaftliche Netzwerke, informelle Institutionen, sowie Organisation und Produktion im Informellen Sektor (Scholz 2002).

2.3. Der informelle Sektor

Die Ausweitung des informellen Sektors steht im engen Zusammenhang mit fortschreitenden Globalisierung und der damit verbundenen Exklusion der Überflüssigen. Vor allem die 90er Jahre verschlechterten die Rahmenbedingungen der sozioökonomischen Entwicklung in Lateinamerika und führten zu einem eklatanten Anwachsen des informellen Sektors. Im informellen Sektor Lateinamerikas entstanden mehr Arbeitsplätze als im formellen, ca. 50% der Bevölkerung sind darin beschäftigt (Parnreiter 1999, S.89).
„Informeller Sektor" ist ein Sammelbegriff für alle (wirtschaftlichen) Aktivitäten, die sich der staatlichen Kontrolle und Regulierung entziehen, aber auch über keinen Schutz und keine Unterstützung seitens des Staats erwarten dürfen. Menschen schaffen unter eingeschränkten politischen und ökonomischen Bedingungen diverse Einkommensquellen. In der Regel handelt es sich nicht um nachhaltige Aktivitäten (Kapitalakkumulation), sondern um Überlebenssichernde Maßnahmen. Für neoliberale Ökonomen sind die Akteure im informellen Sektor die Pioniere der Marktwirtschaft, die sich gegen hinderliche Gesetze und bürokratische Regulierungen durchsetzen, rasch und flexibel reagieren. Zur vollen Entfaltung werden daher weitere Deregulierungen vorgeschlagen (Schneider 1999).

Die Aktivitäten beziehen sich überwiegend auf die Bereiche Dienstleistung, Handel und Transport, degeneriertes traditionelles Handwerk und innovative handwerkliche Kleinstbetriebe. Drei Teilsektoren werden unterschieden: 1. Kleinbetriebe mit weniger als 10 Beschäftigten und Kleinstbetriebe, die häufig eng mit dem formellen Sektor verknüpft sind. 2. Familienunternehmen, die regelmäßig unbezahlte Familienmitglieder beschäftigen 3. unabhängige Dienstleister, sie sind die Verwundbarsten der Armen (Hilfe im Haushalt, Straßenhandel, Schuhe putzen, Gelegenheitsarbeit, Prostitution).

Im informellen Sektor sind vor allem wegen der zyklischen Arbeitskraftnachfrage auch Alte, Kranke und Kinder integriert, denn jede Arbeitskraft muss in Wert gesetzt werden. Für Individuen, Haushalte und chronisch unterkapitalisierte Kleinstunternehmen stellt die ungehemmte Wirkung der Marktmechanismen eine ständige Bedrohung dar (Neuburger 2003). Die neuen Beschäftigungsmöglichkeiten sind sehr stark vom Weltmarkt und den internationalen politischen Beziehungen abhängig.

Um die destruktiven Marktrisiken zu minimieren und mehr Sicherheit zu gewinnen, entstehen parallel zur Ausbreitung selbstregulierender Märkte soziale Netzwerke (Schneider 1999). Die sozialen Strukturen sichern den marginalisierten Gruppen kooperative Effekte wie Durchsetzungskraft, innovative Impulse, sozialen Beistand, Vergrößerung des Kundenstamms, erweiterte Kapitalausstattung, verbesserte Produkte und eine Absicherung des Marktes (Escher 1999). Dadurch wird Verwundbarkeit reduziert und Vertrauen zwischen den Akteuren geschaffen, aber auch Abgrenzung gegen jene, die nicht dazugehören. Für letztere wird ein Netzwerk zum unüberwindlichen Zugangshindernis. So wird die Absicherung von Marktsegmenten und Einkommensquellen selbst zu einem Element der Konkurrenz (Schneider 1999).

Der informelle Sektor ist somit kein eigener selbständiger Wirtschaftskreislauf, sondern integraler Bestandteil und billige Ergänzung des formalen Sektors, mit dem er eng vernetzt ist. Er ist der formalen wirtschaftlichen Organisation sehr ähnlich, es fehlen aber die Rechte. Die fehlenden Handlungs- und Nutzungsrechte (entitlements) bedingen und vergrößern ihre Verwundbarkeit und schränken wiederum ihre Bewältigungsmöglichkeiten drastisch ein (Escher 1999).

Die vom Staat hinterlassene Lücke ruft kriminelle Organisationen auf den Plan, denen die Bevölkerungsgruppen ausgeliefert sind. Dadurch entstehen neue Macht- und Herrschaftsstrukturen. Diese „informale Institutionalisierung“ sorgt aber auch für Recht und Ordnung, daher werden diese undemokratischen Machtstrukturen auch von der Bevölkerung großteils dem rechts- und schutzlosen Zustand vorgezogen.

2.3. Globalisierung in Lateinamerika

Mit einer konsequenten Importsubstituierenden Industrialisierung erreichten einige lateinamerikanische Länder schon in den 70er Jahren den Status eines Schwellenlandes. Doch waren viele Staaten zu Beginn der 80er Jahre hoch verschuldet (Schuldenkrise), und wiesen erdrückende makroökonomische Daten auf. Inflationsraten über 1000% waren nicht auszuschließen (Boekh 2002). Umschuldungen und Neukredite machte die Wirtschaftspolitik der Staaten von Weltbank, Interamerican Development Bank und IWF und Geberländern abhängig. Denn im Gegenzug forderten die Geberinstitutionen Strukturanpassungsprogramme. Die Öffnung der nationalen Kapital- und Gütermärkte für die internationale Konkurrenz bedeutete das Ende der Industrialisierungspolitik, die nachholende Entwicklung ermöglichen sollte. Stattdessen sollte der institutionelle Ausbau Privatinvestitionen (vor allem für ADI) fördern. Um für die Schuldenrückzahlung Devisen zu verdienen, wurde empfohlen die Exporte zu fördern, die ihrem komparativen Vorteil entsprechen. Dies führte oft zur Weiterentwicklung der ehemals kolonialen Produktlinien im Agrarsektor, Bergbau oder dem Holzschlag (Niggli 2005). Die bis dahin positive sozioökonomische Entwicklung wurde gestoppt, während sich die makroökonomischen Parameter zumindest zeitweise deutlich verbesserten. In einigen wenigen Ländern gelang die Reduzierung der Armutsrate (z.B. in Chile), doch insgesamt war im Jahr 2000 das Armutsniveau relativ höher als in den 80er Jahren (Ströbele- Gregor 2001). Globalisierung sollte Wohlstand für alle und Beseitigung der Armut ermöglichen. Die Ergebnisse der steigenden Wertschöpfung sollten auch zu den Armen durchsickern („trickle-down-Effekt"). Besonders den Entwicklungsländern sollten es dadurch gelingen ihre wirtschaftlichen, infrastrukturellen Schwächen und sozialen Probleme zu bewältigen. Nicht nur WTO, Weltbank, IWF, WHO begeisterte das Konzept der Globalisierung, auch die Wissenschaften, die UNO und Organisationen der EZA hofften dass alle zu Gewinnern werden. Heute ist klar, dass Wirtschaftswachstum und Globalisierungsmaßnahmen alleine nicht reichen. Trotz zeitweise spektakulärer Zuwachsraten des BIP, wie in Brasilien oder Chile entfielen die Einkommenszuwächse fast ausschließlich den oberen 20% der Einkommenspyramide zu (Sangmeister 2001). Mittlerweile zählt die Weltbank die Armutsgruppen in den Entwicklungsländern zu den eindeutigen Verlierern der Globalisierung (Neuburger 2003). Vergleiche auch Abbildung 1 im Anhang.

Nach Weltbankschätzungen lebten Ende der neunziger Jahre etwa 12% der lateinamerikanischen Bevölkerung in extremer Armut (weniger als 1US$/Tag), obwohl Lateinamerika im internationalen Vergleich eine Region mit mittleren Einkommen ist (Sangmeister 2001, S.149). Denn nicht Länder sind arm und verwundbar, sondern Menschen. (Von den Staaten Lateinamerikas gehört nur Haiti zu den LDCs - Least developed countries). Es gibt keine Region, in der Wohlstand so ungleich verteilt ist. Die ärmsten 20% verfügen über 4,5% des Einkommens (Ströbele- Gregor, 2001, S.160). Brasilien, Kolumbien und Chile weisen die größten Unterschiede auf (Vergleiche Abb.2). 10% der Bevölkerung verfügen über die Hälfte des gesamten Einkommens. Der krasse Unterschied von Arm und Reich, sowie der weltweite Trend auseinanderklaffender Einkommen werden auch als „Brasilianisierung" der Gesellschaft bezeichnet (Scholz 2000, S.15). Obwohl auch in Lateinamerika die relativen und absoluten Zahlen der extrem armen Bevölkerung im Verlauf der 90er Jahre rückläufig waren, beschleunigt sich die Entwicklung der Ungleichheit. Während sich in den 70er Jahren die Einkommensunterschiede verringert haben, hat sich die Ungleichheit in den 80er und 90er Jahren wieder verschärft (Sangmeister 2001).

3. Sozioökonomische Verwundbarkeit

3.1. Definition „Verwundbarkeit"

Das Konzept der gesellschaftlichen Verwundbarkeit basiert auf der Einsicht, dass die Gefährdung der Lebensgrundlagen alleine mit der wirtschaftlichen Situation nicht erklärt werden können. Auch Naturkatastrophen sind nicht allein für die für Überlebenskrisen verantwortlich. Während Armut das Ausmaß eines Zustandes beschreibt, beinhaltet Vulnerabilität auch eine vorhersagbare Qualität. Die Frage „Was passiert mit bestimmten Menschengruppen unter dem Einfluss verschiedener Risiken und Katastrophen?" wurde in ein Konzept gefasst.

Der Wirtschaftsnobelpreisträger von 1998 Amartya *K. Sen* bemerkte durch die Analyse der indischen Hungersnot 1993, dass Hunger nicht durch die Verringerung des tatsächlichen Nahrungsmittelangebotes entsteht, sondern wenn Menschen keine Möglichkeit haben, die vorhandenen Nahrungsmittel zu erwerben. Er stellte fest, dass Verfügungsrechte (entitlements), die den Zugang zu Ressourcen ermöglichen, sehr unterschiedlich sein können: Landbesitz und der eigene Anbau von Nahrungsmitteln fallen ebenso darunter, wie die Möglichkeit, subventionierte Nahrungsmittel zu kaufen. Dazu kommt ausreichend entlohnte Beschäftigung, die Menschen in die Lage versetzt ihre Grundbedürfnisse zu befriedigen, und ein soziales Sicherungssystem.

Ressourcen, die ein Individuum tatsächlich besitzt, werden als Kapitalien/ Aktiva oder endowments/assets bezeichnet, Darunter fallen materielle Güter wie Land, Vieh, Produktionsmittel, ebenso wie etwa Wissen und Fähigkeiten, Arbeitskraft und die Zugehörigkeit zu sozialen Netzwerken. Krisen treten nach Sen dann auf, wenn sich das Verhältnis zwischen endowment set (Ressourcenausstattung) und dem entitlement set (Bündel an Verfügungsrechten) verschlechtert, d.h.: wenn sich die Möglichkeit der Menschen verringert ihre Ressourcen in Waren und Dienstleistungen umzuwandeln.

Wenn zum Beispiel die Nahrungsmittelpreise stärker ansteigen als der Lohn eines Landarbeiters. Allgemein formuliert: Der Verlust von Kaufkraft für einen Teil der Bevölkerung, infolge veränderter Einkommensverteilung oder veränderter Austauschverhältnisse. Sen fasste diese nicht neue Erkenntnis erstmals in ein Konzept (Vulnerabilitätskonzept), das ständig ergänzt und weiterentwickelt wurde (Watts 2002).

Chambers stellte schon 1988 fest, dass Verwundbarkeit immer durch mehrere Ursachen entsteht und zwei Seiten hat: die externe, die von Stressfaktoren und Risiken gekennzeichnet ist, denen Individuen oder gesellschaftliche Gruppen ausgesetzt sind und eine interne, welche die Möglichkeit dieser Gruppen beschreibt, mit diesen Bedrohungen umgehen zu können. Watts und Bohle erweiterten das Vulnerabilitätskonzept durch eine zeitliche Komponente: Verwundbarkeit ist demnach kein statischer Zustand, sondern wandelt sich in seinem Ausmaß, ist ein Langandauernder Prozess der vom Stadium der Grundanfälligkeit bis zur existentiellen Katastrophe reichen kann (http://www.geographie.unifreiburg.de/ikg/popup_index.php?id=2&level=bereich&index=3&thema=definition).

Die Stadien müssen nicht kontinuierlich durchlaufen werden, können jederzeit durch die Krisen auslösenden Faktoren wegfallen oder wenn die Krisenabwehrenden Bewältigungsstrategien greifen, unterbrochen werden. Im Stadium der Stabilisierung verbessern sich die Lebensbedingungen. Oft finden sich aber Menschen auf einer höheren Stufe der Grundanfälligkeit wieder, weil die materielle und immaterielle Ressourcenbasis angegriffen wurde (Dittrich 2004). Sie sind damit gegenüber zukünftigen Krisen anfälliger.

Zusammenfassend lässt sich feststellen, dass sich Vulnerabilität über das „Ausgesetztsein" gegenüber Risiken und den Zugang zu verschiedenen Aktiva (access to assets) definiert. Verwundbarkeit wird von unterschiedlichen miteinander teilweise verknüpften Faktoren verursacht, die sich ständig in ihrer Zusammensetzung und Wirksamkeit ändern. „Vielfältige ökologische, politisch-ökonomische und soziokulturelle Ursachen bestimmen in regionalspezifischer Form und in immer neuen Konstellationen über den Grad der Verwundbarkeit" (Dittrich 2004, S. 94).

Globalisierung kann demnach nur eine der vielen Ursachen sein.

Der Fortschritt dieses Erklärungsmodells liegt darin, dass unmissverständlich auf die Ursachen von Verwundbarkeit hingewiesen wird, es fokussiert aber in erster Linie die externen Verursachungsfaktoren der Existenzgefährdung.

3.2. Das Sustainable Livelihoods- Konzept

Das Konzept der nachhaltigen Lebensabsicherung ist die Weiterentwicklung des Verwundbarkeitskonzeptes, vor allem durch das „Department for International Development (DFID). Es versucht mit einem ganzheitlichen Ansatz die unterschiedlichen Dimensionen von Verwundbarkeit marginalisierter Gruppen zu begreifen (Siehe Abb.3). Die Handlungsorientierte Komponente rückt im Vergleich zum Vulnerabilitätskonzept in den Vordergrund. Die Einbeziehung der Reproduktionsfähigkeiten und Krisenbewältigungsstrategien bewirkt, dass Menschen nicht nur verwundbar und ausgesetzt sind, sondern durch Zielgerichtetes Handeln zu Akteuren werden, die ihre Verwundbarkeit beeinflussen können (livelihood strategies). Menschen handeln in einem gesamtgesellschaftlichen Kontext um Risiken abzuwehren, dazu steht ihnen ein set von Aktiva zur Krisenbewältigung und Risikoabwehr zur Verfügung (livelihoods assets). Doch letztlich bestimmen die vorherrschenden politisch-ökonomischen und institutionellen Bedingungen über den Zugang zu den Kapitalien (access to assets), die Art und das Ausmaß der Verwundbarkeit und den Erfolg der Handlungsmuster (Dittrich, 2004). Existenzgefährdete Gruppen versuchen durch die Kombination mehrerer Ressourcen und Handlungsstrategien ihre Verwundbarkeit nachhaltig zu reduzieren (Post und Baud, 2002). Das Konzept der nachhaltigen Lebensabsicherung umfasst folgende Hauptkomponenten:

3.2.1. Livelihood Aktivitäten und Strategien

Menschen unternehmen vielfältige Aktivitäten um Nahrung, Unterkunft und monetäres Einkommen zu erlangen, und um Krisen zu bewältigen oder zumindest abzufedern. Kurz- oder langfristige, individuelle oder gemeinschaftliche Aktivitäten (Dittrich 2004). Strategien sind ein Bündel von Aktivitäten, die zusammen Nahrung oder Einkommen für einen Haushalt oder ein Individuum hervorbringen.

Risikobehaftete Gruppen entwickeln vielfältige Handlungsstrategien: in ländlichen Gebieten landwirtschaftliche Intensivierung oder Extensivierung, Diversifikation der Produktpalette und Einkommensquellen, und temporäre Migration zur Arbeitssuche (Stevens, 2003). Die häufigsten Strategien um das Finanzkapital zu erhöhen sind die Produktion von Ernten und Viehbestand für den Verkauf, Bekleidung und Wohnen für den eigenen Konsum, Handwerk wie Körbe flechten, töpfern, Teppich knüpfen, saisonale oder dauernde Lohnarbeit (vgl. Informeller Sektor). Außerdem Überweisungen von emigrierten Verwandten (remittances), Ausleihen, Almosen, Geschenke und manchmal Korruption (Haan 2002). Existenzgefährdete Bevölkerungsgruppen bevorzugen eine Diversifizierung ihrer Einkommensquellen, um die Risiken zu streuen und ihre Ernährungssicherheit zu erhöhen, denn ihre Lebenssituation ist sehr unstabil.

3.2.2. Livelihood Ressourcen

Menschen verfügen über verschiedene Aktiva oder Kapitalien um ihren Lebensunterhalt zu stabilisieren oder zu erhöhen. Dazu zählen natürliche Ressourcen, Sachgüter assets, Humankapital, Finanzkapital, und soziales Kapital (Siehe auch Abb.3). Einige sind direkt für Individuen, Haushalte oder soziale Gruppen zugänglich, zu anderen wird der Zugang durch Institutionen beschränkt (Post, 2002). Die Zusammensetzung, der Zugang und die Verfügbarkeit der Ressourcen ändern sich ständig.

Watts (2002) erwähnt auch noch sozial determinierte entitlements (eine moralische Wirtschaft, und indigenous security institutions), sowie illegale Verfügungsrechte (Lebensmittelraub, Demonstrationen, Diebstahl, und so genannte Transfers von Nicht-Verfügungsrechten (Almosen).

3.2.3. Institutionen, Organisationen und Makroökonomie

Sowohl formale als auch informale Institutionen vermitteln oder verhindern Zugang zu den Lebensunterhaltsressourcen. Gesellschaftliche Koordinationsmechanismen, Organisationsformen und Regelwerke (Politiken, Rechtsordnung, Gesetze, Normen, Machtverhältnisse) und die makroökonomischen Muster (Produktionsmodelle mit Investitionsstrategien und Technologien, Konsummodelle) beeinflussen dadurch die Verwundbarkeit in hohem Maß (Dittrich 2004, S. 101).

So können beispielsweise soziokulturelle Normen, Frauen den Zugang zu bestimmten wirtschaftlichen Aktivitäten verbieten. Landbesitzsysteme, die Rechte von bestimmten Gruppen bevorzugen oder Gesetze, die bestimmte Landnutzungen vorschreiben und andere verbieten regulieren Verwundbarkeit. Auch die örtliche und internationale Regierungspolitik beeinflussen den Zugang zu und die Verfügbarkeit der Ressourcen. Strukturreformen und Privatisierung der sozialen Dienste haben in den Entwicklungsländern das minimale Bündel staatlicher Verfügungsrechte, und den Rahmen der menschlichen Hilfe radikal umgeformt (Watts, 2002).

Strukturanpassungsprogramme schließen oft einseitige Handelsliberalisierungen mit ein, aber auch andere politisch-ökonomische Maßnahmen, die ebenfalls die Preisgestaltung von Produkten nachteilig beeinflussen. Typische Handelsbezogene den heimischen Markt regulierende Maßnahmen sind Preiskontrollen oder halböffentliche Politiken. Nicht-Handelsbezogene Politiken sind Wechselkurs und Auslandswährungskurse, aber auch der Auf- bzw. Abbau von institutionaler Infrastruktur (Stevens 2003, S.13). Zusätzlich beeinflusst Regierungspolitik natürlich die Verfügbarkeit von technischer Infrastruktur und das Transportangebot. Globalisierungseffekte können Menschen auf der institutionellen, politisch–ökonomischen Ebene verwunden, deshalb werden sie im vierten Kapitel noch detaillierter untersucht.

3.2.4. Verwundbarkeitszusammenhänge:

Die Ressourcenausstattung wird auch von dynamischen Verwundbarkeitsursachen beeinflusst: Saisonalität (zyklische Belastungen wie saisonale Gesundheitsrisiken, Produktions-, Preis- und Arbeitsmarktschwankungen), Lebensunterhaltsschocks (kurzfristige Krisenereignisse wie Verlust von Wohnraum oder Arbeitsplatz, Kriege, Preiskrisen, Zusammenbruch von Wirtschafts- und Währungssystemen) und langfristige kritische Entwicklungen, so genannte Trends (Stevens 2003, Dittrich 2004). Ein langfristiger Trend ist die Zerstörung lebenswichtiger Ressourcen durch Übernutzung und Degradierung von Räumen verursacht durch Bevölkerungswachstum.

3.2.5. Ergebnisse der Lebenssicherung

Die Steigerung des Einkommens ist nur ein mögliches Resultat, alternativ können zum Beispiel die Erhöhung der Lebensqualität, die Reduzierung der Verwundbarkeit eine erhöhte Nahrungssicherheit oder eine nachhaltigere Sicherung der natürlichen Ressourcenbasis angestrebt werden.

Stadt-Land Interaktionen, können als Resultat von Strategien betrachtet werden. Soziales Kapital ist der Schlüssel zum Verständnis dieser Interaktionen.

Soziale Netzwerke bestehen aus einem Bündel von Verbindungen und Beziehungen zwischen Akteuren (Haushalt, Verwandtschaft, Organisation). Menschen mit wenig Kontakt sind gezwungen sich Arbeit zu suchen, denn sie profitieren vom Kontakt mit Menschen in anderen Netzwerken mehr als mit dem eigenen, dem sie angehören. Diese Menschen nennt Scholz (2003) „Scheingewinner" der Globalisierung. Wenn aber Globalisierung eine größere Anpassungsfähigkeit und Flexibilisierung verlangt, dann müssen auch die multi-lokalen und multidimensionalen livelihoods ständig verändert werden. Diese Anpassungsfähigkeit würde wahrscheinlich leichter durch schwächere Bindungen erreicht (Haan 2002, S. 248).

4. Sozioökonomische Verwundbarkeit in Lateinamerika

In den folgenden Kapiteln gehe ich der Frage nach, wie politisch-ökonomische und institutionelle Veränderungen auf die nachhaltige Lebensabsicherung, vor allem auf die Ernährungs- und Einkommenssicherung wirken. Abb. 4 zeigt die Entwicklung der strukturellen Reformen in Lateinamerika von 1985-1999.

4.1. Verwundbarkeit durch die Globalisierung der Finanzmärkte

Die wichtigste makroökonomische Maßnahme ist der Wechselkurs, der seit dem Zusammenbruch des Systems von Bretton Woods flexible ist. Folgen der Deregulierung von Finanzmärkten äußern sich in den zunehmenden Auslanddirektinvestitionen und Dollargeschäften außerhalb der USA an den offshore-Märkten (Fuchs 2003). Die Zielländer der ADI aus Brasilien zeigen, dass massive Steuerflucht das Haushaltsbudget und dadurch den Handlungsspielraum von Herkunftsstaaten verringert (vgl. Abb. 5).

Der Wechselkurs ist ausschließlich ein Instrument der Strukturanpassung und ist keine WTO Bedingung. Enorme Abwertung verändert das Preisverhältnis von international gehandelten und heimischen Nahrungsmitteln stark. Produzenten werden begünstigt, Konsumenten benachteiligt. Deshalb hat der Wechselkurs auch differenzierende soziale Effekte (Stevens 2003).

In den 90er Jahren stürzte Hyperinflation die verwundbarsten Bevölkerungsgruppen in Brasilien, Ekuador, Argentinien in noch größere Armut und brachte die Mittelschichten in große materielle Bedrängnis (Ströbele-Gregor 2001). Nach Boekh (2002) gehören Ekuador und Brasilien aber zu den Ländern, die sich am wenigsten dem Weltmarkt öffneten. Exorbitante Inflationsraten dürften kein Globalisierungsphänomen sein, um 1990 waren zwei- bis dreistellige Inflationsraten in Lateinamerika durchaus üblich, während sie sich seit einigen Jahren um 10% bewegen. Inflation wurde auch als „Armensteuer" bezeichnet, da sich die einkommensschwachen Gruppen nicht durch Kapitalflucht, indexierte Konten, oder Flucht in Sachwerte gegen Inflation schützen konnten (Boekh 2002). Inflation kann auch die in Lateinamerika eingeführte Altersicherung durch Kapitaldeckung bedrohen. Das größte Risiko der Umstellung vom Umlage- zum Kapitaldeckungsverfahren birgt jedoch die Kopplung der Pensionseinkommen an die Kapitalmarktrendite, denn dadurch wird das gesamte Risiko an die Versicherungsnehmer weitergegeben. Die wenigsten lateinamerikanischen Kapitalmärkte sind soweit entwickelt, dass sie eine beruhigende Kombination aus Rentabilität und Sicherheit bieten könnten. Das verdeutlichten auch die jüngsten Krisen in Südostasien, Russland und Brasilien, die negative Ertragsraten bewirkten und somit die künftigen Pensionsansprüche reduzierten (Müller 2001).

Auch Währungsspekulationen, die gesamte Volkswirtschaften unter Druck setzen bzw. in den Bankrott treiben, stellen in liberalisierten Finanzmärkten eine unberechenbare Gefahr für die Bevölkerung dar. So hat die Asienkrise lateinamerikanische Länder, insbesondere deren einkommensschwache Schichten überraschend stark betroffen, was unumstritten ein Indiz für die zunehmende Verflochtenheit der Finanzmärkte ist. Boekh (2002) kann aber nachweisen, dass durch politische Entscheidungen die Spekulationsanfälligkeit erhöht wurde und die Stabilisierungskosten besonders brutal ausgefallen sind.

4.2. Verwundbarkeit durch internationale Arbeitsteilung

„Global sourcing“ wird die Erschließung immer neuer und günstigerer Produktionsstandorte genannt, vor allem in den Entwicklungsländern fluktuiert dadurch die Arbeitskräftenachfrage enorm. Eine vergleichsweise geringe Zahl partizipiert an den Beschäftigungseffekten der internationalen Arbeitsteilung. Das Überangebot an unqualifizierten und verarmten Arbeitskräften sowie niedrige Fertigkeitsanforderungen ermöglichen einen beliebigen Austausch und geringe Entlohnung. Stark schwankende Auftragsvolumina entscheiden über die Beschäftigungsdauer. Sie verhindern längerfristige Arbeitsverhältnisse und gesicherte Einkommen (Scholz 2003).

Produktionsaufträge werden zwar auch an formale Unternehmen vergeben. Aus Kosten- oder Zeitgründen lagern diese wiederum Teile der Produktion in den informellen Sektor aus. Lokale Kleinstunternehmen, Heimarbeiterinnen und Kinder stellen das letzte Glied von global sourcing dar. Für sie fallen weder Kranken-, Urlaubs-, und Ausbildungskosten, noch Pensions- und Arbeitslosenversicherungskosten an. Sie sind zwar in den globalen Produktionsprozess eingebunden, aber in ökonomisch sehr unsicherer Stellung, werden deshalb auch als Scheingewinner bezeichnet (Scholz 2000). Zu ihnen gehört auch die stark anwachsende Zahl der Maqulila Arbeiterinnen, die in Freihandelszonen noch prekäreren Arbeitsbedingungen als landesüblich ausgesetzt sind.

Die Produktivitäts- und Einkommensunterschiede zwischen formellen und informellen Beschäftigungsverhältnissen, zwischen qualifizierten und gering qualifizierten Jobs, zwischen traditionellen, arbeitsintensiven und modern kapitalintensiven Betrieben (speziell in der Landwirtschaft) sind größer geworden (Sröbele-Gregor 2001). Aber auch die fortschreitenden Rationalisierungs- und Technisierungsmaßnahmen, die in keinem direkten Zusammenhang mit Globalisierung stehen, tragen zum Arbeitsplatzverlust im Industrie-, Landwirtschaftssektor bei, in dem unqualifizierte, daher höchst verwundbare Menschen Beschäftigung fanden.

Durch global sourcing und dem damit verbundenen Anwachsen des Informellen Sektors entsteht eine „Dual Economy“. Hochtechnisierte Betriebe mit wenigen Mitarbeitern erzeugen Produkte für den Weltmarkt, während der marginalisierten Bevölkerungsmehrheit der Rückzug in den Informellen Sektor oder Migration bleiben.

4.3. Verwundbarkeit durch Liberalisierung des Welthandels

Internationale Handelspolitik (z.B. WTO) wirkt sich auf verwundbare Menschengruppen aus, entweder direkt durch neue Regeln, die die Ernährungssicherung betreffen oder indirekt durch Veränderung der absoluten und relativen Weltmarktpreise. Der Preis von inländischen und importierten Produkten am heimischen Markt verändert sich und somit auch die Verfügungsrechte und Möglichkeiten der Lebenssicherung (IDS 2003). Regeländerungen der Internationalen Handelsbeziehungen erschweren die Marktteilnahme von lokalen Produzenten mehr oder weniger. Sie bewirken, dass Produzenten ihr Handelsgut wechseln, oder sich völlig aus der Exportproduktion verabschieden. Zum Beispiel kann der Wegfall des bevorzugten Marktzuganges lateinamerikanischer Länder zur EU oder die erfolgreiche Konkurrenz anderer Markteilnehmer die Exportmenge oder den Preis drücken. Dadurch reduzieren sich die Einkommen und die Arbeitsplätze in den betroffenen Sektoren.

Im Allgemeinen wird jedoch den Entwicklungsländern durch global sourcing eine Möglichkeit der Teilhabe am globalen Markt eröffnet. Die „new trade theory" ging davon aus, dass die Entwicklungsländer stärker von der Liberalisierung profitieren als die Industriestaaten, weil sie arbeitsintensive Güter herstellen und exportieren, und dieser Anteil im Vergleich zu ihrer Gesamtwirtschaft beachtlich sei. Doch der steigende Anteil der Entwicklungsländer am Welthandel stammt nur zu einem Drittel aus Produktivitätszuwächsen. Der Hauptanteil geht auf Auslandsdirektinvestitionen und Private Public Partnerships zurück. Zudem macht Intra- und Interunternehmenshandel zwei Drittel des gesamten Welthandels aus, folglich profitieren hauptsächlich transnationale Konzerne, einige kleine lokale Zulieferunternehmen und Scheingewinner von der Marktöffnung (Scholz 2003).

Lateinamerika wurde infolge der Marktöffnung zum Massenabnehmer US-amerikanischer Gebrauchtwaren (Kleidung, Schuhe, Automobile, Autoreifen, Elektrogeräte). Lokale Produzenten haben aufgrund des Preisverfalls keine Chance, sodass massenhafte Arbeitslosigkeit und Existenznot folgen (Scholz 2000).

Lateinamerikas Beitrag zur Weltwirtschaft besteht in erster Linie in der Förderung agrarischer und mineralischer Rohstoffe, allem voran Brasilien das zu den so genannten BRIC Staaten zählt. Entwicklungsländer leiden jedenfalls auch unter dem Protektionismus von Agrargütern der Industrieländer. Agrarprodukte wie Tabak, Zucker, Obst und Gemüsebau erzielen daher am Weltmarkt meist niedrige Preise (IDS 2003, S.25). Von der anhaltend hohen Nachfrage Chinas nach mineralischen Rohstoffen profitieren auch nur wenige (http://www.welt.de/data/2005/11/23/807631.html am 15.12.05). Denn in vielen lateinamerikanischen Ländern ist der Reichtum stark an Landbesitz gekoppelt, deshalb sind Landlose oder solche, die über wenig Land verfügen benachteiligt. Es fehlt ihnen dadurch der Zugang zu anderen produktiven Ressourcen wie Kapital, Technologie und Wasser. Meist sind sie auf ökologisch degradierte Flächen oder geographisch abgelegene Gebiete konzentriert, mit beschränktem Marktzugang. Daher bringen die steigenden Gewinne aus der Produktion von „cash crops" (Agrarprodukte für den Export) nur beschränkten Nutzen für die Armen.

Es liegt nahe, dass sich zunehmende Preisschwankungen nachteilig auf die Ernährungssicherung auswirken, wenn man davon ausgeht, dass verwundbare Menschen über weniger geeignete Handlungsstrategien verfügen, um Schocks abzuwehren. Kleinbauern, die in der Subsistenzwirtschaft Hauptnahrungsmittel für den lokalen Markt produzieren, dürften weniger verwundbar sein. Da sie kaum an der Vermarktung von Exportgütern beteiligt sind, können sie zwar nicht von der Handelsliberalisierung profitieren, aber auch nicht direkt geschädigt werden. Im Gegensatz dazu sind Kleinbauern, die Exportprodukte anbauen hoch verwundbar. Denn in einer internationalen Handelsumgebung lauern Gefahren wie Wechselkursänderungen, schwankende Welthandelspreise, Zinssätze, oder den Produktionsmitteln auferlegte Zölle (IDS 2003). Verwundbarkeit kann generell durch eine Kombination von sich ergänzenden Nahrungs- und Einkommensquellen am wirksamsten gemildert werden. Deshalb wäre es sowohl für Staaten als auch für Individuen wirtschaftlich sinnvoll hochwertige cash crops anzupflanzen und Nahrungsmittel für den Eigenbedarf durch Import zu decken. Die Diversifizierung der Einkommensquellen streut das Risiko und garantiert ein höheres Gesamteinkommen. Denn bei Ernteausfällen sind alternative Zugänge zu Nahrungsmittel überlebenswichtig. Die berechtigte Angst vor variablen Preisen, schwankendem Lebensmittelangebot und flüchtiger cash crops - Nachfrage, dürfte eine an sich vorteilhafte Diversifizierung verhindern und die Abhängigkeit vertiefen. Wo der Marktzugang beschränkt ist, die Preise saisonal stark schwanken oder unsicher sind, bevorzugen arme Haushalte die natürlichen Risiken vor den ebenfalls unberechenbaren Risiken des internationalen Marktes. Mangels Marktinformation, Kapital, beschränktem Zugang zu Produktionsmitteln und minimaler Handelsmacht auf den Märkten ist diese Entscheidung nachvollziehbar. Daher kann man davon ausgehen, dass Handelsliberalisierung regressiv wirkt und offensichtlich großmaßstäbige Marktproduzenten und nicht höchst verwundbare Kleinbauern von der Freihandelspolitik profitieren (IDS 2003). Handelsliberalisierung schränkt die erforderlichen Livelihood - Strategien und den Zugang zur Ressourcenbasis zwar nicht direkt ein. Doch die indirekten Wirkungen auf die Kosten der inländischen Ressourcen und daher auch auf die Rentabilität wirtschaftlicher Aktivitäten können erheblich sein. Alles was nicht zu 100% heimischen Ursprungs ist, z.B. alles was ein importiertes oder potentiell exportiertes Element enthält (Transport), verursacht höhere Kosten (IDS 2003, S.5).

4.4. Verwundbarkeit durch Privatisierung

Viele Länder Lateinamerikas griffen aufgrund fehlender Verwaltungskapazitäten und weil der gesamte informelle Sektor ohnehin steuerlich nicht erfasst wurde, auf verteilungspolitische Surrogate zurück, um Verwundbarkeit und Ungleichheit zu mildern. Dazu zählen die Subventionierung der öffentlichen Verkehrsmittel, verbilligte Abgabe von Grundnahrungsmitteln, sowie die Bereitstellung von Elektrizität, Wasser und Gas durch öffentliche Versorgungsunternehmen unterhalb der Selbstkosten. Zwar profitierten von solchen offenen und verdeckten Subventionen alle Konsumenten, doch die Einstellung der Preisstützungen durch Privatisierung traf vor allem die einkommensschwachen Haushalte (Sangmeister 2001). Unter den steigenden Nahrungsmittelpreisen und Grundversorgungskosten leiden vor allem die bäuerliche und die verarmte Stadtbevölkerung.

Die Marktöffnung in lateinamerikanischen Ländern ermöglichte ausländischen Investoren die Übernahme von Staatsbetrieben vor allem in der Grundstoffindustrie, Telekommunikation und im Transportwesen. Gewinnsteigernde „Sanierungsmaßnahmen" setzten unzählige Arbeitskräfte frei. Vor allem ehemalige Angestellte im öffentlichen Dienst rutschten dadurch von der Mittelschicht wieder in die unterste Stufe. Auch die bislang von Kommunen geführte Wasser- und Stromversorgung wurden privatisiert. Das Preissystem wurde zum Nachteil der Kleinverbraucher nach marktwirtschaftlicher Logik umstrukturiert: hoher Verbrauch - geringe Kosten, geringer Verbrauch – hohe Kosten. Die Verbraucherpreise wurden generell leicht erhöht (Neuburger 2003).

Lateinamerika erwies sich für den Anbau von zahlreichen Weltmarktprodukten nicht nur wegen der klimatischen Gegebenheiten als idealer Standort. Die niedrigen Arbeitskosten, fortgeschrittene Agrartechnik und großbetriebliche Grundbesitzstrukturen boten ideale Voraussetzungen. Doch sinkende Transportkosten und die gentechnische Entwicklung angepasster Pflanzensorten brachten Kleinbauern mit geringem Finanzkapital unter Druck. Da transnationale Konzerne über vertikale Produktionsstrukturen verfügen, sowie Vorleistungsgüter und Agrarprodukte vermarkten, bauten sie unter liberalisierten Bedingungen ihre Vormachtstellung aus (Neuburger 2003). Die Expansion der Anbauflächen für „Neue agrarische Weltmarktprodukte in Lateinamerika ist auf der schematischen Darstellung von Neuburger (Abb.6) deutlich sichtbar.

Für Frauen, die auch in Lateinamerika zu den verwundbarsten Gruppen gehören, erschwerte sich die Situation durch Privatisierungsmaßnahmen. Denn sie sind am stärksten betroffen von der Reduzierung öffentlicher Dienstleistungen und sozialer Leistungen. Manche staatlichen Unterstützungsprogramme wurden gänzlich eingestellt (Sröbele-Gregor 2001).

5. Beispiele sozioökonomischer Verwundbarkeit aus Lateinamerika

5.1. Weshalb Chile und Brasilien?

Ich habe als Beispiele der Verwundbarkeit durch Globalisierung den Bergbau und Tafeltraubenanbau in Chile sowie die Fragmentierung der lateinamerikanischen Städte, gewählt, denn Lateinamerikas wirtschaftliche und gesellschaftliche Entwicklung wurde in den letzten Jahrzehnten durch den Export agrarischer und bergbaulicher Rohstoffe sowie starker Urbanisierung geprägt. Land-Stadt Migration, Urbanisierung, exportorienterte Produktion von Rohstoffen sind somit Kennzeichen der Globalisierung in Lateinamerika.
Die Merkmale, Dimensionen und Ursachen der räumlichen Fragmentierung erarbeite ich in diesem erweiterten Teil vorrangig an Beispielen aus Brasilien. Der Verstädterungsgrad in Brasilien ist mit europäischen Verhältnissen vergleichbar, und erreicht mittlerweile 80% (Coy 2002, S.22). Fragmentierung der Städte und Segregation sind zwar weltweit beobachtbar, treten jedoch in Lateinamerika wegen der fortgeschrittenen Urbanisierung und der starken gesellschaftlichen Polarisierung (Parallelgesellschaft, dual economy, Brasilianisierung) besonders deutlich zum Vorschein.

Chile ist das Land Lateinamerikas, das am längsten und konsequentesten unter neoliberalen Paradigmen wirtschattet. Schon unter Pinochet startete 1973 der Globalisierungsprozess. Das Land wird auch immer wieder als positives Beispiel neoliberaler Prägung angeführt und als Leitbild für Lateinamerika gehandelt. Das BIP, die ADI, die Einkommen und der Konsum sind stark gestiegen, die Inflationsrate sank auf unter 5% und die Anzahl der Armen konnte von 26% 1990 auf 18,5% 1999 gesenkt werden (Borsdorf 2001, S. 8). Dennoch hat Chile die Sozialistin Bachelet Michelle als erste lateinamerikanische Präsidentin gewählt, die sich zwar zur Fortführung des neoliberalen Kurses bekennt, aber einige Korrekturen vornehmen will. So wie schon in Venezuela, Brasilien, Argentinien und Bolivien Linksregierungen gewählt wurden, wird die Neuorientierung der stabilsten und stärksten Volkswirtschaft Lateinamerikas als Absage an den neoliberalen Kurs gedeutet (Standard, 10.12.05).

Brasilien war in den 80er Jahren hochverschuldet, folglich begann das Land mit der Umsetzung der IWF Strukturanpassungsmaßnahmen: Abbau des staatlichen Haushaltsdefizits, Deregulierung, Abbau von Protektionismus und Privatisierung. Auch wenn Boekh (2002) die Wirksamkeit der Liberalisierung in Frage stellt, sind nach Neuburger (2002) und Coy (2001) die Globalisierungseffekte in Brasilien gut sichtbar, denn die sozialen Disparitäten bilden sich auch räumlich ab. An den die Küsten des

Südens mit den Metropolen Sao Paolo und Rio de Janeiro liegen die urban industriellen Zentren mit dem Bevölkerungs- und Wirtschaftsschwerpunkt des Landes. Im Südosten befinden sich auch die wichtigsten Agrarräume. Es herrscht hohe Entwicklungsdynamik, während das dünn besiedelte Hinterland (interior), der Nordosten eine stagnierende Krisenregionen in semiariden Räumen darstellt. Viele wandern aufgrund der Verdrängungswirkung in periphere Gebiete des Mittelwestens und Amazoniens ab, wo sich dynamische Pionierfronten entwickeln, oder in die Metropolen und rasch wachsenden Mittelstädte des Südostens (Coy 2001).

5.2. Bergbau in Chile

Chile ist der weltgrößte Kupferexporteur und erwirtschaftete trotz großer Diversifizierungsanstrengungen im Jahr 2000 noch immer 38% der Exporterlöse aus dem Kupferbergbau. Alle Abbaugebiete befinden sich in der Atacamawüste, einer der trockensten Wüsten der Welt (0-800mm/ a). Für die Erzaufbereitung, die Kupfererzeugung (6m3/sec) und die Versorgung, der vom Bergbau lebender Bevölkerung (1055Liter/sec) werden sehr viel Wasser benötigt. 1981 wurde ein Gesetz verabschiedet, dass Wasser als freie Ressource bezeichnet, sodass der Vermarktung nichts mehr im Wege stand. Seither zapfen die transnationalen Bergbaugesellschaften (zwei aus Chile die übrigen 30 aus den Industrieländern) über Jahrtausende gesammelte intramontane Wasservorräte an, die nicht erneuerbar sind (Borsdorf 2001 S.9).

Die Betriebskosten in Chile sind im weltweiten Maßstab kaum zu unterbieten. Die unter Pinochet erlassene Bergbaugesetzgebung ermöglicht im weltweiten Vergleich einen extrem schnellen Förderbeginn (http://www.frankfurterfinance.de am 16.12.05), ist somit ein entscheidender Wettbewerbsvorteil. Die Erschöpfung der Ressource Wasser ist in Chile jedoch absehbar, daher verhandelten die Konzerne schon über die Wasserentnahme aus dem ebenfalls privatisierten bolivianischen Fluss Rio Silala. Andere große Bergbaugesellschaften verließen schon das Land wegen niedriger Metallpreise Ende der 90er Jahre. Zurückgeblieben ist die autochthone indigene Bevölkerung, die sich mit steigenden Energie- und Wasserpreisen, sinkendem Grundwasserspiegel, Desertifikation der Weidegründe, Versalzung der Böden, durch SO2 und Arsen der Kupferschmelze kontaminierte Böden, Luft, und Wasser auseinandersetzen müssen, während ihnen sukzessive die landwirtschaftliche Lebensgrundlage entzogen wird (Borsdorf 2001 und http://www.zeit.de/2005/39/Chile_Kupfer_neu am 13.12.05).

5.3. Anbau von Tafeltrauben in Chile

Der Wandel der Landnutzung im Kleinen Norden ist ein gutes Beispiel für den wirtschaftlichen Transformationsprozess unter der Globalisierungsperspektive.

Ein Vorteil der Globalisierung ist die ganzjährige Verfügbarkeit von Blumen, Obst und Gemüse, die früher nur saisonal angebaut wurden. Damit hat die Globalisierung auch neue Märkte für die lateinamerikanische Landwirtschaft erschlossen. Chile nutzte die naturräumliche Gunst und die steigende Nachfrage nach frischem Obst, vor allem aus Nordamerika, und stieg zum führenden Weltmarktexporteur subtropischer Früchte in der südlichen Hemisphäre auf. Neben den schon bekannten „Chile Apples“ wurden cash-crops wie Tafeltrauben, Pfirsiche, Himbeeren angebaut (Borsdorf 2001). Für den heimischen Markt produzierte Getreide- und Gemüsesorten wurden verdrängt. Die Politik der Selbstversorgung Chiles mit Lebensmittel wurde aufgegeben. Zwei neue Gesetzesänderungen unter Pinochet ermöglichten erst die Erweiterung der Rebflächen. Durch die Versteigerung des staatlichen Bodens bildeten sich Mittel- und Großbetriebe, die von Privatbanken, Kapitalgesellschaften oder potente Agrarunternehmen geführt werden. Dadurch wurde zwischen 1975 und 2000 die Anbaufläche für Tafeltrauben von 400ha auf 2.800 ha versiebenfacht Tausende Hektar neuer Bewässerungsflächen konnten durch den Bau zwei großer Staudämme in die Nutzung miteinbezogen werden. Diese stellen das Wasser für die Tröpfchenbewässerung bereit. Die zweite Gesetzesänderung hob den Kündigungsschutz auf und verbot Gewerkschaften. Dadurch standen ausreichend billige Arbeitskräfte zur Verfügung. Eine weitere wichtige Voraussetzung für den einsetzenden Traubenboom war der Abbau der 5.125 verschiedenen Zölle mit einem Durchschnittswert von 94% im Jahr 1973 wurden auf 33% gesenkt (Bauriegel 2003, S.87). Die Freigabe der Wechselkurse und der Abbau von weiteren Handelshemmnissen lockte große Obstexporteure wie Chiquita, Dole aus den USA, Unifrutti aus Italien oder Fresh Del Monte aus dem arabischen Raum an. Diese verfügten über das erforderliche Kapital und Know-how zum Bau und Betrieb von Kühlhäusern, sowie für den gesamten Produktions- und Exportprozess (Logistik). Zudem eigneten sie die Konzerne große Rebflächen an. Auch chilenische Obsterzeuger fusionierten, z.B.: „David del Curto Chile“ bewirtschaftete über 5000ha. Mit der Übernahme ihrer Ländereien durch Privatbanken, Kapitalgesellschaften oder potenten Agrarunternehmern begann ein Konzentrationsprozess, der für die Wettbewerbsfähigkeit Chiles notwendig war, der aber viele Kleinbetrieben enorm unter Druck setzte (Bauriegel 2003, S.93).

Die autochthonen subsistenzorientierten Kleinbauern gehörten zu den ärmsten Gruppen der chilenischen Bevölkerung, sie lebten von der den ariden Bedingungen angepassten Landwirtschaft. Viele verpachteten oder verkauften ihre Bewässerungsflächen. Manche wurden Partner der Grossbetriebe oder versuchten ebenfalls die Umstellung auf Rebbau. Doch scheiterte dies oft an den fehlenden Sicherheiten für Bankkredite und am Know-how, denn die Anlagen für die sparsame Tröpfchenbewässerung erfordern moderne

Technik und Kapital. Wer es dennoch schaffte zu den üblichen Bedingungen Kredite aufzunehmen, hatte Schwierigkeiten die Zeit zwischen Anpflanzung und erster Ernte (time lag) finanziell zu überbrücken. Zusätzlich verursachte die hausgemachte Bankenkrise horrende Zins- und Tilgungsraten. Witterungsbedingte Produktionsausfälle und die bisherige Marktdominanz von Argentinien, Südafrika und Brasilien erschwerten den Markteintritt. Viele Kleinbesitzer mussten hoch verschuldet ihre Gehöfte verlassen und ihr Land verkaufen. Sie wanderten in die Städte oder siedelten sich um die Dörfer in Hüttenvierteln an, eine neue räumliche Entwicklung in Chile. Dort arbeiten sie als Tagelöhner saisonal auf den Traubenplantagen (Borsdorf 2001, S.12).

„David del Curto Chile" setzt 90% aller Beschäftigten als Tagelöhner ein, 9% erhalten mehrwöchige Arbeitsverträge und 1% sind fix Angestellte (Bauriegel 2003, S.93). Die Einkommen haben sich in der gesamten Region, vor allem seit der Rückkehr zur Demokratie 1990 deutlich erhöht, doch die Verwundbarkeit hat sich für Tagelöhner nicht reduziert. Rechnet man den durchschnittlichen Lohn (1996) einer Verpackerin übers Jahr, so bleiben weniger als 2,20 US$ pro Tag (Bauriegel 2003, S.94). Dieser Lohn lässt keine vorsorgende Kapitalakkumulation für Notfälle zu. Schon bei kurzzeitiger Arbeitslosigkeit rutschen diese Scheingewinner wieder in die absolute Armut zurück, da die wenigsten Tagelöhner eine eigene Parzelle zur Erzeugung von Grundnahrungsmittel besitzen.

Die verbliebenen Kleinbauern erzeugen zum Teil Lebensmittel für die zugezogene Bevölkerung. Für sie haben die knappen Wasservorräte, die Kontamination durch Spritz- und Düngemittel und die Degradierung der ökologischen Grundlagen jedenfalls nachhaltig negative Konsequenzen. Die weitgehend automatisierte Tröpfchenbewässerung ist zwar wassersparsam aber energieintensiv, das erhöhte die Energiepreise (Borsdorf 2001, S. 12). Manche Kleinbetriebe versuchten den kostengünstigeren Anbau von biologischen Trauben, aber auch Dole und David del Curte Chile erproben die Produktion nach Ökostandards, sodass der Preisvorteil des Nischenproduktes bald schwinden wird.

Die noch günstigeren Lohnkosten in Südafrika und die zunehmende internationale Konkurrenz schmälern die Erlöse sukzessive. Zudem sind Konsumenten nicht mehr bereit, hohe Preise zu zahlen, weil „Tafeltrauben im Winter" den Status einer exotischen Frucht weitgehend verloren haben.

Eine Umstellung auf neue exotische exportfähige Früchte, wie das Unifrutti mit Clementinen versucht, birgt für kapitalschwache Kleinbauern dieselben Risiken wie die Umstellung auf Rebbau. Neue Dauerkulturen erfordern hohe Investitionen und die Überbrückung mehrerer Jahre bis zur ersten Ernte. Während Großkonzerne als letzte Option den Standort an andere Länder verlegen können, bleibt Kleinbauern diese Option verschlossen (Bauriegel 2003, S.94).

5.4. Fragmentierung und Segregation in lateinamerikanischen Städten

Sozioökonomische Verwundbarkeit äußert sich nicht nur in „sozialer Ausgrenzung“ (Ausschluss vom Arbeitsmarkt, von materieller, kultureller und gesellschaftlicher Teilhabe), sondern besitzt auch eine räumliche Dimension. Damit ist nicht nur Größe und Zustand der Wohnung gemeint, sondern auch die Stadtlage, das Viertelimage, die Entfernung zum Arbeitsplatz oder Zentrum. Die Verdrängung aus dem öffentlichen Raum und die bewusste Abgrenzung (Inklusion und Segregation), in Europa noch eher unbekannte Phänomene, nehmen in Lateinamerika enorme Ausmaße an (Scholz 2003). Das unmittelbare räumliche Nebeneinander von Reich und Arm eine Ausprägung fragmentierender Entwicklung ist in Lateinamerika deutlich sichtbar.

Luftaufnahme aus Lateinamerika. www.suedwind-magazin.at am 18.12.05

Globalisierung ist aber für die extremen sozialen Disparitäten nicht verantwortlich zu machen, festzustellen ist nur, dass sich die Einkommensunterschiede in Zeiten der Globalisierung nicht verringert haben und landwirtschaftliche Kleinproduzenten, sollten sie sich nicht auf Nischen spezialisiert haben, gegen die Übermacht multinationaler Konzerne nicht konkurrieren können und somit ihre Existenzgrundlage aufgeben müssen. Die zwei oben beschriebenen Beispiele aus dem ländlichen Raum Chiles sollten Einblick in die Anfänge sozioökonomischer Verwundbarkeit in Zeiten der Globalisierung geben. Folgen wie Landflucht und Migrationsbewegungen zu den großen Agglomerationen, sowie deren räumliche Veränderungen, vor allem das Flächenwachstum können aber als Globalisierungseffekt betrachtet werden.

Andererseits haben ein- und ausgrenzende Prozesse in Lateinamerika eine lange Tradition, sodass sich auch die Frage stellt, wie neu die Tore und Mauern in den Städten wirklich sind (Borsdorf 2002). Im Rahmen der wirtschafts- und gesellschaftspolitischen Transformation können jedoch eine rasante Veränderung der Stadtlandschaft, neue Wohnformen und flächige Dimensionen konstatiert werden (Fischer und Parnreiter 2002). Die räumliche Stadtentwicklung Lateinamerikas unter neoliberalen Bedingungen ist in den letzten zwei Jahrzehnten durch beschleunigte sozialräumliche Segregation, Exklusion und Inklusion gekennzeichnet. Besondere Aufmerksamkeit gilt also der Entwicklung seit dem Ende der importsubstituierenden Industrialisierung in den 80er Jahren und der verstärkten Einbindung Lateinamerikas in den Weltmarkt.
Welcher Zusammenhang besteht also zwischen Privatisierung, Deregulierung, Rückzug des Staates und der Stadtentwicklung?

5.4.1. Segregation

Räumliche Segregation meint die disproportionale Verteilung der Wohnorte sozialer Gruppen (Fischer 2002) oder weniger neutral, den Zerfall der Stadtfläche in scheinbar eigenständige Gebiete (Jachnow 2004).
Soziale, ethnische, religiöse und wirtschaftliche Unterschiede können für die räumliche Konzentration und Dispersion ausschlaggebend sein. In den lateinamerikanischen Städten beruht die Segregation aber in erster Linie auf den wirtschaftlichen Diskrepanzen, die vor allem durch das prozentuale Anwachsen der Marginalbevölkerung drastisch zugenommen haben (Kanitschneider 2004, S. 253).
Segregation lässt sich nach Fischer und Parnreiter (2002) durch zwei Kriterien bestimmen: die räumliche Konzentration bestimmter Bevölkerungsgruppen in bestimmten Stadtteilen und den Grad der sozialen Homogenität in diesen Stadtteilen. So könnten beispielsweise reiche Schichten räumlich stark konzentriert sein, das Gebiet aber mit anderen sozioökonomischen Gruppen teilen.
Die Entstehung der Segregation ist nicht ausreichend erforscht, doch wird vermutet, dass bestimmten Bevölkerungsgruppen Räume zugewiesen werden, was wiederum bewirkt, dass diese Gebiete nur noch von der jeweiligen Gruppe in Betracht gezogen werden.
Fischer und Parnreiter (2002) weisen darauf hin, dass trotz der fehlenden Kohärenz der lateinamerikanischen Städte und der historisch gewachsenen Segregationsmuster signifikante Veränderungen feststellbar sind:
Arm und Reich treffen auf immer kleineren Räumen aufeinander, die physische Distanz verringert sich, die „kleinmaßstäbliche soziale Entmischung“ (Fischer und Parnreiter 2002, S. 250) reduziert sich, weil Stadträume zu Wohngebieten unterschiedlicher sozialer Gruppen werden. Eigentlich führt diese Entwicklung zu größerer sozialer Inhomogenität,

was eigentlich abnehmende Segregation bedeutet. Doch gleichzeitig folgen verstärkte Abgrenzungsversuche (siehe Condominos), um soziale Distanz zu wahren und innerhalb der Wohngebiete soziale Homogenität zu erzeugen.
Gleich geblieben bzw. angewachsen sind hingegen die homogenen Armutszonen, barrios oder „no go areas" die vom staatlichen Schutz und Kontrolle ausgeschlossen sind, folglich von denen, die nicht dort leben müssen gemieden werden. (Fischer und Parnreiter 2002)

5.4.2. Ursachen der multifragmentierten Stadt

Als Hauptgrund der sozialräumlichen Fragmentierung in lateinamerikanischen Städten wird Migration in all seinen Erscheinungsformen genannt. Beispielsweise siedelt sich die durch massiven Arbeitsplatzabbau im öffentlichen Dienst verarmte Mittelschicht, in traditionellen Unterschichtgebieten an, aber auch Arme suchen die Nähe zu potentiellen Arbeitgebern, als Hilfskräfte in reichen Haushalten (Borsdorf 2001). Migration wird hier durch Verarmungsprozesse, durch ökonomische Krisen und Transformation verursacht. Das stellen auch Fischer und Parnreiter (2002) fest.

Eine zweite intraurbane Migrationsbewegungen geht von den wohlhabenden Schichten aus. Die städtische Peripherie war bisher billiger, unerschlossener aber auch teilweise subventionierter Wohnraum für verarmte ländliche Bevölkerungsschichten. Aber auch Mittel- und Oberschicht siedeln sich zunehmend in den suburbanen Räumen an, wo großflächige, abgegrenzte, attraktive Wohnviertel entstehen (Borsdorf 2001). Die ärmsten Bevölkerungsschichten können sich deshalb das Wohnen an den Stadträndern nicht mehr leisten. Sie ziehen noch weiter hinaus oder in zentral gelegene Unterschichtgebiete. Aber auch hier treffen auf engstem Raum Arm und Reich aufeinander, denn beobachtbar ist in den letzten Jahren auch ein gegenläufiger Trend. Einkommensstarke Bevölkerung zieht nach Coy (2002) wieder in zentrale Innenstadtlagen zurück (siehe Condominios horizontais). Die aktuelle Wahl der Wohnstandorte von Gutsituierten und das Ausweichen marginalisierter Gruppen führen aber in jedem Fall zu kleinräumiger Segregation.

Zudem zeigt der weltweite Urbanisierungsprozess, die anhaltende Zuwanderung vom Land, Auswirkungen auf die sozialräumliche Verteilung in lateinamerikanischen Städten. Zwischen 1970 und 2000 wuchs die Zahl der städtischen Armen in Lateinamerika von 44 auf 200 Millionen an (Jachnow 2004, S.33). Delgadillo (2004) bemerkt jedoch, dass die Verstädterung in Lateinamerika langsam ihr Maximum erreicht und die Land-Stadt Migration von der internationalen Migration nach Japan, Europa oder die USA abgelöst wird. Daher vermindert sich der Migrationsdruck in den lateinamerikanischen Städten, was am Verfall der Innenstädte sichtbar ist. Zwischen 1990 und 2000 verlor beispielsweise die Altstadt von Quito 42% ihrer Bevölkerung, die von Buenos Aires 20% und die von Santiago 17%. Dies bedeutet auch den Verlust von sozialen Strukturen. So versuchte man in Salvador de Bahia die Armen aus der Altstadt zu vertreiben und wieder für den Tourismus zugänglich zu machen. Doch die mangelnde Ausnutzung der Infrastruktur und der sozialen Einrichtungen machten Wiederbevölkerung notwendig. (Degadillo 2004, S.39)

Die Rücknahme staatlicher Sozial- und Regionalpolitik (Coy 2001), der Rückzug der Kommunen und des Staates aus dem Wohnbau, der Wohnungspolitik und der Stadtentwicklung, aber auch die Ohnmacht der öffentlichen Hand Verteilungskonflikte zu regeln sowie leere Staats- und Stadtkassen, fördern die Herausbildung inselartiger Stadtfragmente. Kommunen erhoffen sich durch private Investoren einen Bauboom und Standortvorteile im globalen nationalen und innerstädtischen Wettbewerb (Fischer und Parnreiter 2002).

Als Folge stieg der Handlungsspielraum des privaten Immobiliensektors und die Zahl der Immobilienfirmen, die sich auf Planung, Bau und Vermarktung entsprechender Projekte spezialisiert haben, nimmt daher rasant zu (Coy 2002, S.265).

Für Fischer und Parnreiter (2002) sind die Immobilienfirmen der wichtigste treibende Akteur bei der Umgestaltung des städtischen Raumes und der Etablierung neuer kleinräumiger Segregationsformen.

Coy (2001, S.24) sieht in der privatkapitalistischen Steuerung der Raumentwicklung einen integrativen Bestanteil des neoliberalen Paradigmenwandels. Auch Jachnow (2004) spricht der Privatwirtschaft die einflussreichste Rolle in der Stadtentwicklung zu. Riesige innerstädtische Areale werden durch private Investoren entwickelt, Privatakteuren werden zentrale Bereiche der Raumplanung übergeben. Das sagt noch nichts über die Qualität aus, doch kurzfristige Gewinnorientierung schränkt eine umfassende Vision stark ein. Das bestätigt auch die häufige Nutzung von Grundstücken an den Agglomerationsrändern als Spekulationsobjekte (Borsdorf 2001).

Neben den Bodenpreisen sind auch die Transportkosten, und Infrastrukturkosten durch Privatisierung ehemals staatlicher oder kommunaler Versorger gestiegen. Versorgt wird wer zahlt, folglich verstärkt sich die räumliche Konzentration der Besserverdienenden in Gebieten mit hochwertiger Lebensqualität und guter Infrastruktur (Jachnow 2004, S.35). während einkommensschwache Gruppen verdrängt werden.

Neben der Einbeziehung neuer Flächen in den Immobilienmarkt führte auch der erhöhte Bedarf an Büroflächen durch zunehmende Dienstleistungen zu einer Veränderung der wohnräumlichen Verteilung.

Die Verwertung dieser Flächen unterliegen vorrangig Investorenentscheidungen unter kapitalistischen Regeln (Fischer und Parnreiter 2002, S. 246/247). Folglich entstehen darauf großflächige Wohnprojekte, Business Distrikts, Einkaufszentren, Entertainment Center. Die Flächen befinden sich in naturräumlichen, wirtschaftlichen oder infrastrukturellen Gunstlagen. Sie verfügen über gute Verkehrsanschlüsse und andere Standortvorteile. Dazu zählen auch Innenstadtzonen, die der touristischen Nutzung dienlich sind. Touristisch attraktive Teile von historischen Zentren werden renoviert, während andere zu Elendsquartieren verkommen. Dadurch vergrößern sich die Unterschiede zwischen erhaltenen und vergessenen Zonen (Delgadillo 2004, S.38), denn Investitionen konzentrieren sich auf Stadteile, die für Immobiliengeschäfte und Tourismus am interessantesten sind.

Zwischen den wirtschaftlich profitablen Flächen verbleiben Restflächen, die von den verarmten Massen in Besitz genommen werden. Nachdem an solchen Orten der Rechtsstaat unwirksam ist und meist mafiose und partonale Strukturen vorherrschen, werden sie von der nicht ansässigen Bevölkerung gemieden. Dazu zählen so genannte „no go areas", verfallene Innenstädte, extrem periphere Stadtrandlagen mit ungünstiger Verkehrsanbindung und Infrastruktur, ökologisch degradierte Räume.

Neben der Einbeziehung neuer Flächen in den Immobilienmarkt führte auch der erhöhte Bedarf an Büroflächen durch zunehmende Dienstleistungen zu einer Veränderung der wohnräumlichen Verteilung (Fischer und Parnreiter 2002).

Auch zerstörte, unbenutzte Industrieflächen, brachliegende Fabriken und verlassene Innenstadthäuser erfahren eine Nutzungsänderung, bestenfalls eine Aufwertung, indem sie zu Wohnstätten

http://www.steirischerbst.at/Programm/Detail?ProgrammeID=11&EreignisseID=24 am 20.02.06

„In vielen Fällen bewirkte das Zusammenspiel von profitablen Anlagebedingungen für in- und ausländische Kapitaleigner mit der Liberalisierung der Bodenpolitik einen Immobilienboom, der sich in Investitionen in großflächige Wohnprojekte, Hotels, Entertainment- und Einkaufszentren sowie in den Neubau resp. Ausbau des privat konzessionierten Autobahnnetzes niederschlug" (Fischer und Parnreiter 2002, S. 247).
Für Fischer und Parnreiter (2002) ist das Erstarken des Immobiliensektors nicht ohne globale Kapitalzuflüsse und vorhergehende Deregulierung des Bodenmarktes denkbar. Ebenso werden die Verarmung breiter Bevölkerungsschichten und die Herausbildung einer kaufkräftigen Schicht für die Entstehung neuer Segregationsmuster infolge neoliberaler Strukturanpassungen verantwortlich gemacht. Doch weshalb sie zu *kleinräumigen* Spaltungen führen ist nicht ausreichend untersucht worden.

5.4.3. Resultat der Segregation

Die bisherige Trennung der lateinamerikanischen Stadt in reiches Barrio alto und armes Barrio bajo wurde von der Zergliederung in unzählige kleine selbständige Einheiten (Fragmentierung) abgelöst. Es bildet sich die multifragmentierte Stadt, mit ihren kleinräumigen aber intensivierten Segregationsformen. Die klare räumliche Differenzierung der Wohngebiete und großflächige Aufteilung nach sozialen Schichten ist obsolet (Borsdorf 2001, Coy 2001, Scholz 2002). Dadurch geht eigentlich die kleinmaßstäbliche soziale Entmischung zurück (Fischer 2002). Doch die verschiedenen Klassen und Gruppierungen finden nicht zueinander. Stattdessen markieren Grenzen die Stadtlandschaft. Bewachte abgesonderte Stadtviertel treffen auf verbarrikadierte Besetzungen. Shopping Mals, mit ihrem privatisierten öffentlichen Raum, kontrastieren mit den so genannten No-go areas gefährlicher Viertel (Jachnow 2004).

5.4.4. Condominios

„Condominios" oder „ciudades cerradas", die nach nordamerikanischem Vorbild der gated communities errichtet wurden, stellen die extremste Form der sozialen Segregation dar.
Als Condominios werden Wohnviertel mit gemeinsamer Infrastruktur und Abgeschlossenheit gegenüber dem öffentlichen Raum verstanden. Diese „abgesperrten Wohnviertel" (barrios cerrados) werden in Chile und Brasilien als Condominios bezeichnet. In den übrigen Ländern Lateinamerikas sind etliche andere Begriffe für das Phänomen geläufig (Kanitschneider 2002).
Abschottung durch Zäune, hohe Mauern, Tore, Schranken, Überwachungskameras und andere Sicherheitseinrichtungen sowie eine rund um die Uhr Bewachung durch privates bewaffnetes Wachpersonal, beschränken den Zutritt zu diesen inselartigen Fragmenten

von Stadt. (vgl. Kanitscheider 2002, Borsdorf 2002). Coy (2001, 2002) bezeichnet sie als „zugangskontrollierte Enklaven“ und „Reichen-Ghettos“.
Durch Ummauerung, Bewachung und Zugangsbeschränkungen wird die fehlende räumliche Distanz in der multifragmentierten Stadt kompensiert. Condominios ermöglichen erst das kleinräumige Nebeneinander von reichen und verarmten Bevölkerungsschichten.

Condominios avancierten zur bevorzugten Wohnform der „Privilegierten“, doch die sozialräumliche Segregation hat mittlerweile alle Schichten erreicht. Zunehmend werden sie auch von mittleren Einkommensklassen bewohnt, aber auch staatlich subventionierte Wohnanlagen werden immer öfter eingezäunt und vom übrigen Siedlungskörper isoliert. In Mexiko waren mehr als die Hälfte der neu errichteten Condominios für die untere Mittelschicht und sogar Unterschicht bestimmt (Kanitschneider 2002), dementsprechend variieren auch die Lagevorteile, die infrastrukturelle Ausstattung und das Preisniveau. Dennoch sind Condominios vorrangig Wohnstätten der Wohlhabenden und keinesfalls von Unterprivilegierten. Coy (2001, S.23) zitiert eine Erhebung, nach der in Alphaville, der größten „ciudad cerrada“ (geschlossenen Stadt) Lateinamerikas, 25 km von Sao Paolo entfernt, ca. 45% der Haushalte über ein Einkommen zwischen 20 und 80 Mindestlöhne verfügen, 65% der Haushalte verfügen sogar über mehr als 80 Mindestlöhne

Seit den 80er Jahren werden Condominios durch Projektentwickler ganzheitlich geplant und mit großem Erfolg auf dem Immobilienmarkt angeboten (Coy 2001).
Im Vergleich zu früheren Segregationsformen erreichen Condominios durch umfassendere Freizeit-, Bildungs- und Arbeitsangebote (vgl. Alphaville) einen höheren Abschottungsgrad, denn sie erfüllen oft alle Daseinsfunktionen, sind demnach relativ autark (Coy 2002). Durch die strikte Exklusion und Inklusion in Condominios erfolgt trotz räumlicher Nähe keine soziale Integration, vielmehr wird die Ungleichheit dadurch verschärft. (Fischer 2002, S.246).
Das Phänomen der Selbstgewollten und Selbstinitiierten Isolation und Abspaltung von der umgebenden Zivilgesellschaft wird „Auto-Segregation“ genannt. Kontakt zur Außenwelt erfolgt allerdings über die neuen Informations- und Kommunikationsmedien. 64% der BewohnerInnenvon Alphaville verfügen über einen Internetzugang, während der Landesdurchschnitt nur bei 7% liegt (Coy 2001, S.23).
Bemerkenswert ist auch, dass die abgeschotteten Wohnviertel der Reichen nicht mehr nur auf Metropolen beschränkt sind, sondern auch in den Mittelstädten vorzufinden sind (Coy 2002).

Dimensionen und Entwicklung

Borsdorf (2002,) versucht anhand der historischen Siedlungsentwicklung nachzuweisen, dass die Tendenz zur Abschottung von der Außenwelt, der Dualismus von Außen- und Innenwelt in Lateinamerika eine lange Tradition hat und durch Globalisierung nur seine Erscheinungsform verändert hat.

Die rasche Verbreitung und zunehmende Beliebtheit von „abgetrennten Wohnvierteln" weisen meiner Meinung nach, auf die starke Verunsicherung und dem Bedürfnis nach Überschaubarkeit in der globalisierten Welt hin.

In der Metropolitanregion von Mexiko wurden beispielsweise zwischen 1989 und 2001 750 condominios mit 47.000 Wohneinheiten neu errichtet (Kanitschneider 2002, S. 255).

In Santiago wurde von der neu urbanisierten Fläche zwischen 1994-1998 nur 40,1% mit verdichtetem Wohnbau für die unteren sozialen Schichten bebaut. 59,9% der Fläche wurden für Bungalows auf großen Grundstücken verwendet (Borsdorf 2001, S.12).

Vor allem Luxus-condominios mit einer Bebauungsdichte von höchstens 10% tragen zur weiteren Flächenexpansion der Metropolen bei (Coy 2002, S. 273). Durch das enorme Flächenwachstum der Städte, vergrößern sich jedoch die Distanzen zwischen Zentrum, Wohn- und Arbeitsort sukzessive (Coy 2002). Der hohe Zeitaufwand für das Pendeln schränkt auch die Nutzung von zentralen Kulturangeboten für die Wohlhabenden ein, weil für einen Opern- oder Lokalbesuch bis zu einer Stunde Anfahrtszeit in Kauf genommen werden müssen. Gefeiert wird daher privat, Videos werden zuhause konsumiert, die Gästeliste wird selber erstellt, der Abend wird daher gerne zuhause verbracht. Nach einer Umfrage sind die sechs beliebtesten Freizeitaktivitäten in Mexiko: Fernsehen, Ausruhen, Zeitung lesen, Musik hören, Familienleben und Sport. Allesamt Aktivitäten die abgesondert von der Außenwelt zu Hause stattfinden. An Wochentagen nutzen nur 6% der MexikanerInnen die Stadt für Aktivitäten außerhalb der Arbeit (Fahlbusch 2004, S. 46). Hier stellt sich die Frage nach Henne oder Ei. Ich vermute, dass sich die Wahl der Freizeitaktivitäten stark an den vorherrschenden gesellschaftlichen Rahmenbedingungen orientiert.

In den letzten Jahren lässt sich auf Grund der langen Wege auch eine Änderung der Wohnstandortwahl wohlhabender Menschen in Richtung zentrale Lagen beobachten.

Der Bau so genannter „Condominios horizontais" boomt. In den Jahren 2000 und 2001 wurden in Sao Paolo 110 geplant. Nach Abbruch der vorher bestehenden meist verfallenen historischen Bausubstanz werden zentrumsnah kleine, hochgesicherte und luxuriös ausgestattete Häuserkomplexe errichtet. Sie verbinden den Wohnkomfort eines Einfamilienhauses mit innerstädtischen Lagevorteilen (Coy 2002, S. 267).

Im Centro historico von Mexiko- City kann man die jüngsten Beispiele mexikanischer Wohnbauarchitektur besichtigen. „Aus Sichtbeton Stahl und Glas wurden sechsgeschossige Wohnhäuser errichtet, die ihre BewohnerInnen vor dem „Alltag" schützen sollen. Hinter Milchglasscheiben oder blickdichten Fassadenkonstruktionen wird die Umgebung ausgeblendet und die MieterInnen und auch deren Reichtümer sind vor neidischen Blicken sicher" (Fahlbusch 2004, S.46).

In den Innenstädten treffen Condominios wie in der Peripherie auf die arme Bevölkerung, die unter besonders prekären Wohnbedingungen in verfallenen Häusern mit unzureichenden sanitären Bedingungen haust (Delgadillo 2004). Denn schon mit der beginnenden Industrialisierung hat die Attraktivität der Innenstädte abgenommen und deren Verfall begonnen (Jachnow 2004). In diesem Verdrängungsprozess zeigt sich auch die Verwundbarkeit der marginalisierten Bevölkerung, denn durch ständige Migration zu momentan nicht verwertbaren Räumen, wird der Aufbau lebenswichtiger sozialer Netzwerke erschwert. Die marginalisierte Bevölkerung wird verdrängt oder weicht in so genannte Marginalräume aus, die mittlerweile in jeder Stadtlage zu finden sind.

Aber auch im randstädtisch suburbanen Raum mit guter Verkehrsanbindung entstehen nach wie vor neue Condominios. Man trifft vorrangig auf großflächige Villenviertel mit kompletter Infrastruktur (Bildung, Gesundheitsversorgung, etc.) und aufwendigen Freizeiteinrichtungen. Diese Form der Stadtflucht wurde in den vergangenen Jahren durch die Verlagerung von Dienstleistungsbetrieben an die Stadtränder unterstützt. Durch den Standortwechsel vom Citybereich in neue Büroparks an die Stadtgrenzen kam es zur Entwicklung von so genannten „edge cities", denn durch die geplante Kombination der Funktionen Wohnen, Arbeiten, Einkaufen und Freizeit bilden sich „kleine" abgeschlossene weitgehend autarke Städte innerhalb von Metropolen, die sogar Einpendlerüberhang verzeichnen. Alphaville, in der Metropolitanregion von Sao Paolo gelegen, beherbergt ca. 34.000 Menschen, während sich tagsüber mehr als 100.000 Menschen darin aufhalten. (Coy 2002, S 267)

Fischer und Parnreiter (2002) prognostizieren aufgrund der „Bunker-Architektur" und massiven Ausbreitung von Condominios das Ende der lateinamerikanischen Stadt, die durch enge soziale Beziehungen und reges öffentliches Leben geprägt ist.
Ich halte das einerseits für eine Verallgemeinerung, denn enge soziale Beziehungen und Abhängigkeit von sozialen Netzwerken sind vorwiegend für verwundbare Gruppen relevant. Mit zunehmendem Wohlstand verringert sich diese Abhängigkeit, Autonomie erhöht sich, ein Schritt, den alle modernen Gesellschaften in ihrer Entwicklung vollziehen.

Aneignung öffentlichen Raums

Condominios okkupieren meist öffentlichen Besitz durch Absperrung von Strassen oder Gemeinbesitz. Oft werden nachträglich Zäune um vormals lose Gebäudekomplexe gezogen und öffentlicher Raum abgesperrt, in diesen Fällen sind Nutzungskonflikte häufig. Doch die rechtlichen Rahmenbedingungen variieren von Land zu Land, so führt beispielsweise die Absperrung der (privaten) Strasse in Mexiko zu keiner Rechtsverletzung, weil dort mit der Wohnanlage auch die gesamten Anteile der Infrastruktur verkauft werden. Meist gehören aber Parks und Strassen zum öffentlichen Raum, folglich führen Zugangsbeschränkungen immer zu Gesetzeskonflikten und das Aufstellen und Entfernen von Gittern und Wachhäusern gehört zum lateinamerikanischen Alltag. (Kanitschneider 2002)

In Barra da Tijuca, in der Metropolitanregion Rio de Janeiro explodierte die Einwohnerzahl von 6000 (1970) auf 175.000 (2000), davon leben ca. 100.000 in 160 Condominios. langfristige Planungen gehen von 2 Mio. Menschen aus. Der öffentliche Raum hat sich dadurch auf wenige Autostraßen reduziert (Coy 2002, S. 269).

Folglich findet man in Lateinamerika die Städte mit dem geringsten Anteil an Grünflächen. In Guayaquil (Ecuador) stehen weniger als 1qm² pro BewohnerIn zur Verfügung, während es in Berlin 91qm² sind (Maier 2004, S.42). Die hohe städtische Bebauungsdichte und der Mangel an Freiraum sind neben der Unsicherheit und den langen Wegen von der Peripherie in die Zentren mit ein Grund, dass sich die Menschen vom öffentlichen Leben fernhalten. Besonders an Wochenenden sind die wenigen unbebauten Plätze hoffnungslos überfüllt. In der Alameda Central und im Bosque Chapultepec in Mexiko-City steht man fast auf den Wegen, so langsam bewegen sich die Menschenmassen sonntagnachmittags (Fahlbusch 2004). Die Parks werden wie auch in Europa überwiegend von armen Bevölkerungsschichten genutzt, die mangels Grundbesitz und Kapital auf freizugängliche, öffentliche Flächen angewiesen sind.

Condominios entziehen sich weitgehend der öffentlichen Steuerung und Kontrolle, es handelt sich daher um exterritoriale Räume. Denn öffentliche Regulierung steht eindeutig hinter den Verwertungsinteressen des privaten Kapitals. (Coy 2001, S.23).

Großzügige Freiflächen in einem Condominio bei Alphaville und überfüllte öffentliche Grünflächen im Bosque Chapultepec. http://www.tambore3.com.br/condominio.html und http://www.cuartoscuro.com/agencia/categories.php?cat_id=128&page=10 am 21.02.06

Ursachen für die massenhafte Herausbildung

Der Condominio-Boom kann in erster Linie durch die Wechselwirkung von Angebot und Nachfrage erklärt werden. Die Nachfrage nach abgeschotteten und gesicherten Wohnformen entsteht aus der Bedrohung durch Kriminalität. Coy (2001) bezeichnet die übersteigerte Angst vor Kriminalität „psychoseartig", bestätigt aber auch den realen Hintergrund des Angstsyndroms, indem er Presseberichte zitiert wonach 16% der Paulistaner Bevölkerung Opfer von Wohnungseinbrüchen und 1,3 Mio Opfer bewaffneter Raubüberfälle waren (Coy 2002, S. 268). Die tatsächliche und wie Fischer (2002) anmerkt auch die massenmedial inszenierte Bedrohung, die in Lateinamerika für europäische Gewohnheiten außergewöhnlich gewalttätige und abscheuliche Darstellungen erlaubt, bewirkte eine gesteigerte Nachfrage nach effizienteren Sicherheitssystemen und zum wachsenden Angebot von immer mehr Wachdiensten. Coy (2002, S. 268) zählt in Sao Paolo mittlerweile 313 Firmen, die lukrativ Gewinne erzielen wollen. Diese inszenieren bewusst eine Atmosphäre der übermäßigen Bedrohung, der wiederum den Wunsch nach sicherem Wohnraum verstärkt.

Einer der erfolgreichsten „Developer", die „Alpahyille Urbanismo S.A." plante und baute Großprojekte wie Alphaville, aber auch zwei Projekte in Lissabon. Das Beispiel verdeutlicht die Rolle der Projektentwickler bei der Verbreitung des Konzeptes (Coy 2002, S. 268).

Kanitschneider (2002, S. 255) hält fest, dass die Oberschicht in Mexiko den Sicherheitsaspekt und einen „guten Wohnort für die Kinder" noch vor dem „Wohnen in einer landschaftlich attraktiven Umgebung" als Motive angeben. Während für die Mittelschicht der Erwerb von Wohneigentum an erster Stelle steht. Laut einer Umfrage in Condominios in Barra da Tijucia nennen 77% die Sicherheit als wichtigsten Vorteil (Coy 2002, S.271).

Condominios ermöglichen auch den Rückzug bzw. die Flucht aus dem hektischen großstädtischem Treiben, Autoverkehr, Smog und Lärm. Der Sehnsucht nach Natur, Ruhe, sauberer Luft und Dorfidylle (Borsdorf 2002), wird mit dieser Wohnform nachgekommen. Fahlbusch (2004) spricht vom Verharren in einem eigenen Mikrokosmos und Fischer (2002) erkennt im Leben unter „seinesgleichen" eine Ablehnung des Fremdartigen, Begegnungsverweigerung und Aussperren des Chaos. Ich glaube, dass auch die Überschaubarkeit und Einschätzbarkeit in Condominios ein maßgebliches menschliches Bedürfnis, in einer zunehmend unübersichtlichen Welt befriedigt. Zudem sind in Lateinamerika das Misstrauen gegenüber der Gesamtgesellschaft und die Betonung der Privatsphäre weit verbreitet. Dieses Misstrauen findet seinen Ausdruck im abgeschotteten Wohnen und wird zugleich potenziert, denn die anderen, die da draußen werden als Bedrohung wahrgenommen. (Fischer 2002)

Die starke Nachfrage nach Condominios wird auch als Resultat der kulturellen Globalisierung gesehen. Für Fischer, Parnreiter und Coy (2002) sind die abgegrenzten Wohnviertel eine Nachahmung der nordamerikanischen gated communities und Lebensstile. Luxusinfrastruktur (Swimmingpools und Golfplätze) und Wunsch nach Exklusivität (Kanitschneider 2002) verweisen auf die Übernahme des „American way of life" (Coy 2001). Dieser wird in Lateinamerika durch die beliebten Telenovas (soap operas) und private Immobilienfirmen massiv propagiert. (Coy 2002) bemerkt nicht nur eine Globalisierung der Lebensstile, sondern auch eine Angleichung der Lebensmotive, Wertorientierungen und Ziele der Lebensgestaltung.

Institutionelle Regulierungen durch Staat oder Stadt verhindern oder begünstigen die Entstehung von Condominios, die Privatisierung des öffentlichen Raumes und eigene Regeln in den Condominios. Nach Coy (2001) stellen derzeit Deregulierung und Rückzug des Staates den ordnungspolitischen Rahmen für den Erfolg der abgeschotteten Wohnviertel. Da auch Mittelschichten diese Wohnform zunehmend bevorzugen, können Condominios als Reaktion auf Flexibilisierung und Deregulierung, auf den Rückzug des Staates gesehen werden. Dadurch mangelt es aber auch an Ausgleich zu den Verwertungsinteressen des privaten Kapitals. (Coy 2001, S.23)
Die Kommunen begrüßen oft den Bau von Condominios auf ihrem Gebiet und lassen den Projektentwicklern freie Hand bei der Planung und Ausführung, weil sie sich Entwicklungsimpulse versprechen. Sie tragen meist die Kosten für den Straßenbau und die Anbindung an Ver- und Entsorgungsnetze. Grundsätzlich kann man Condominios aber als exterritoriale Räume betrachten (Coy 2002, S.269).

Steigende Anforderungen an die Qualität des Lebensumfeldes und an den Wohnkomfort tragen ebenso zur Beliebtheit von Condominios bei. Denn diese bieten oft ein umfassendes Wohnservice, eigene Verwaltungen kümmern sich um die Belange der BewohnerInnen, ursprünglich kommunale Dienstleistungen werden in Eigenregie erbracht Es gibt Fitness- und Sportanlagen, Schwimmbäder, Restaurants, Supermärkte, Kindergärten und sogar Schulen. In einigen condominios werden die angebotenen Dienstleistungen zu einem hotelartigen Service ausgeweitet (Putzen der Wohnung, Waschen der Kleidung und Essenbereitstellung). Insofern gehen von Condominios auch hohe Beschäftigungseffekte, vor allem für informelle Arbeit aus. Die Zahl der Beschäftigten als Hausangestellte, Wachpersonal, oder im Bausektor übersteigt teilweise sogar die der BewohnerInnen. Als Folge entstanden beispielsweise um Barra da Tijucia zahlreiche neue Elendsviertel (Favelas), wo sich Unterschichtbevölkerung, meist entwurzelte, verdrängte ländliche Bevölkerung ansiedelte und mit den meist schlecht bezahlten Jobs ihr Überleben sichern. Die Favelas befinden sich im Gegensatz zu den Condominios in Überschwemmungsgebieten oder anderen Ungunstlagen. (Coy 2002)

Coy (2002) sieht in den Condominios als extremster Form der Selbstsegregation und den Favelas als aufgezwungener Segregation interessante Parallelen, die auf das Versagen des Staates hinweisen: Sowohl Condominios als auch Favelas bilden eigene kleine Städte mit einem eigenen Dienstleistungs- und Einkaufsangebot. Beide verfügen über eine eigene Organisationsform, auf die die Stadtverwaltung kaum Einfluss hat, und beide minimieren die öffentlich zugänglichen Räume. Die Condominios mit physischen Mauern, die Favelas umgibt eine unsichtbare Mauer der Angst, daher der Begriff „no go areas“.

5.4.5. Zusammenfassende Beurteilung der stadträumlichen Entwicklung

Im aktuellen Strukturwandel der lateinamerikanischen Städte erkennt man erstens die Globalisierung der Lebensstile, die sich auf Konsummuster und Wohnformen auswirken, und zweitens die sozialen Folgen von Deregulierung Flexibilisierung, und Privatisierung.
Sozioökonomische und räumliche Disparitäten in Lateinamerika sind nur unter Berücksichtigung der gesellschaftspolitischen Rahmenbedingungen zu verstehen. Institutioneller und politisch-ökonomischer Kontext verstärken die regionalen Prozesse der Exklusion bzw. Inklusion, die Aufspaltung in Gewinner und Verlierer, die Verdrängung aus dem öffentlichen städtischen und ländlichen Raum durch große kapitalstarke Akteure mangels politischer Gegensteuerung.
Ergebnis der sich verschärfenden sozialen Disparitäten ist eine immer stärkere sozialräumliche Fragmentierung zwischen den „Zitadellen“ der Oberschicht und den Ghettos der Armen (Coy 2001). Soziale Fragmentierung wird durch die Wohnortwahl der Gutsituierten und der Besiedlung von Restflächen durch die marginalisierte Bevölkerung auch physisch sichtbar.
„Die gruppenspezifisch alltäglichen Aktionsräume der Privilegierten konzentrieren sich vorrangig auf zugangskontrollierte Enklaven,..., die sich weitgehend der öffentlichen Kontrolle entziehen. Die ausschließlich privatkapitalistische Steuerung dieser räume kann als integrativer Teil der der durch Deregulierung und Flexibilisierung gekennzeichneten Entwicklungsmuster ... im Zeichen des Neoliberalismus interpretiert werden“ (Coy, 2002, S. 269).
Globalisierung unter neoliberalen Bedingungen wirkt sich auf soziale Gruppen unterschiedlich aus. Denn mit sozialer und sozialräumlicher Fragmentierung sind unterschiedliche Verwundbarkeiten verbunden. Während die Gutsituierten Risken mit Geld abfedern können und sich in der zunehmend unübersichtlichen Situation einrichten können, bleibt diese Bewältigungsstrategie dem größten Teil der lateinamerikanischen

Bevölkerung vorenthalten. Denn die Mehrheit der StadtbewohnerInnen lebt heute in Marginalvierteln. Stadtränder und unattraktive Flächen werden zu Überlebensräumen der Armen, während sich die Reichen in Städten ihre Aktions- und Repräsentationsräume schaffen (Coy 2001). Während Vermögende selbst agrarisch genutzten Boden mit Luxusdomizilen bebauen können, werden die zahlreichen Verlierer erheblich beeinträchtigt: Luft-, Wasserverschmutzung, Zeitverluste durch Verkehrsstau, Mangel an städtischem Grün und Freiräumen, Verlust an öffentlicher Sicherheit und wachsende Sozialschranken in der Gesellschaft (Borsdorf 2001, Coy 2001, Scholz 2002).

Die massive Verstädterung Lateinamerikas mit ihren stadträumlichen Folgen wird auch maßgeblich durch die Verdrängung ländlicher Bevölkerung aus landwirtschaftlichen Gunsträumen vorangetrieben. Neben Straßenbau, Medien, sozialen Netzwerken und anderen pull-Faktoren wurde die Landflucht durch Deregulierung und Marktöffnung für übermächtige Konkurrenten sowie die vom Staat geförderte Außenorientierung der Landwirtschaft (Coy 2001, S. 26) in den vergangenen Jahrzehnten forciert.
Neben der Tertiärisierung, dem Wandel der Industriestädte zu Dienstleistungsstädten, und dem jahrzehntelangem Deindustrialisierungsprozess, hinterlassen Dezentralisierung und Privatisierung deutliche Spuren in der räumlichen Stadtentwicklung.
Fusions- und Konzentrationsprozesse, Technisierung, Modernisierung und Industrialisierung, vor allem in der Landwirtschaft, führten zum Verlust von Konkurrenzfähigkeit, Entwurzelung, Arbeitslosigkeit, und der Verdrängung kleiner kapitalschwacher Akteure. Sie können entweder abwandern, in Favelas wohnen, und im informellen Sektor arbeiten oder die Landkonflikte zwischen mit Großgrundbesitzern austragen.
Coy (2001) und Neuburger (2001) konstatieren indigene Gruppen und Kleinbauern mit ihren subsistenzorientierten traditionellen Produktionsräumen (Passivräume) als eindeutige Globalisierungsverlierer. Aufgrund fehlender staatlicher Unterstützung und Konzentrationsprozesse geraten diese unter Verdrängungsdruck und vergrößerten ihre ökonomische Verwundbarkeit. Auch in diesem Prozess ist eigentlich nur eine Fortführung sozioökonomischer Verhältnisse festzustellen, denn Lateinamerika ist nicht nur die Region mit der höchsten Ungleichheit in der Einkommensverteilung sondern auch mit der extremsten Landeigentumskonzentration (Coy 2001, S. 28).

Jachnow (2004) sieht die größte Gefährdung des urbanen Lebens nicht mehr im Flächenwachstum oder ökologischer Degradierung, sondern in gesellschaftlichen Prozessen, die eine Stadtlandschaft in unzählige hermetisch abgeriegelte Zellen zerstückelt. Der Gesamtorganismus würde dann zur leeren toten Hülle verkommen.

Coy (2001) umschreibt die sozialräumliche Fragmentierung der lateinamerikanischen Städte mit dem Bild von „Inseln der Reichen im Ozean der Armen“ (Coy 2002, S.269).
Degadillo (2004, S. 41) spekuliert zynisch, dass verfallene Altstadtzonen zukünftig möglicherweise von „informellen Globalisierungskräften“ völlig erobert werden und ein neuer Wohnungstyp auftauchen wird: „Wohnen in Ruinen“ unter Lebensgefahr für die BewohnerInnen.
Ob die beschriebenen stadträumlichen Entwicklungen in lateinamerikanischen Städten Chancen für eine stärkere soziale Integration ihrer BewohnerInnen eröffnen oder zu weiterer Marginalisierung und Exklusion von verwundbaren Bevölkerungsgruppen führt, wird die Zukunft zeigen.

Condominios und Favelas in Rio de Janeiro. http://www.niesel.org/gew/ ni7.php am 15.02.06

6. Schlussbetrachtung

Globalisierung wirkt in den Verwundbarkeitskontext auf allen Ebenen, vor allem durch Institutionen, Organisationen und die Makroökonomie. Auch wenn ein empirischer Nachweis kaum zu bringen ist, scheint es, als ob Deregulierung und Wettbewerb am freien Markt grundsätzlich verwundbare Gesellschaftsmitglieder benachteiligen, da sie die kleinste Ausstattung an Aktiva und die geringsten Verfügungsrechte besitzen. Dadurch entstehen Chancenungleichheit, reduzierte Handlungsstrategien, folglich Wettbewerbsnachteile. Escher (1999) bezeichnet Marktwirtschaft in diesem Sinne als Machtwirtschaft. Der deutsche Philosoph Peter Sloterdijk kreierte den Begriff „Standortnachteil Ich“, der Menschen im globalen Wettbewerb zurückfallen lässt.

Doch das tatsächliche Ausmaß der Verwundbarkeit durch Globalisierung hängt stark von, den gesellschaftlichen Organisationsformen eines Staates (Politiken, Normen, Gesetze) ab, welche die Marktöffnung, Deregulierung und Privatisierung begleiten. In Lateinamerika stützten die Regulierungsmaßnahmen, eigentlich Deregulierungsmaßnahmen die ohnehin starken und reichen Mitglieder der Gesellschaft. Das verwundert angesichts der Jahrhunderte währenden Ausbeutungstradition und der weitgehenden Deckung von politischen und wirtschaftlichen Eliten eigentlich nicht. Regierungen agieren unprofessionell oder zugunsten der mächtigen Akteure. Dadurch wurden die extrem ungleichen Machtverhältnisse zementiert bzw. sogar vergrößert. Diese Tendenz ist weltweit, auch in den Industrieländern zu beobachten. Niggli (2005) spricht daher von der „Lateinamerikanisierung“, Scholz von „Brasilianisierung“ der Gesellschaften.

In vielen Ländern zeigt sich das Dilemma, dass einerseits demokratische Politik, ein effizienter Staat, und verantwortliche öffentliche Bürokratie zwar nicht länger wünschenswert, aber andererseits notwendig für eine florierende Marktwirtschaft sind (Post 2002). Deshalb kann man vermutlich in den meisten lateinamerikanischen Ländern weder konsequente Wirtschafts- und Sozialpolitik noch radikale Liberalisierung erkennen. Unvorbereitete Liberalisierung und unkontrollierte Privatisierung der Wirtschaft sowie der Rückzug des Staates dürften die Bevölkerungsmehrheit starken Risiken aussetzen. Aber nicht nur staatliche Maßnahmen beeinflussten die Verwundbarkeit benachteiligter Gruppen in Lateinamerika, auch supranationale Politiken und Regelwerke, wie die neoliberalen Leitlinien der WTO, des IWF oder der Weltbank (Washington Konsensus).

Allgemein kann beobachtet werden, dass die neoliberalen Grundsätze der Globalisierung das wirtschaftliche, gesellschaftliche und politische Denken und Handeln durchdringen. Solidaritäts- und Konsensbewusstsein werden durch Wettbewerb, Konkurrenz und individuelles Erfolgsstreben ersetzt. Doch zivilisatorische und humanitäre Fortschritte von Gesellschaften wurden durch Solidarität und Konsensbildung erst ermöglicht.

Aus Sicht einflussreicher Industrieländer, Wirtschaftsakteure und multinationaler Konzerne, „los que quanaron“ (Borsdorf 2002, S.238) mag die Idee des ständigen Wettbewerbs mit ungleichen Voraussetzungen reizvoll erscheinen. Für den Grossteil der Menschen stellt Globalisierung unter neoliberalen Bedingungen kein zukunftsfähiges Modell dar, denn solange nicht alle Beteiligten von gleichen sozialen, ökologischen, arbeitsrechtlichen Standards ausgehen und sich an dieselben Regeln halten, vergrößert freier Wettbewerb und Liberalisierung die Ungleichheit und Verwundbarkeit der Menschen.

7. Literaturverzeichnis

- Bauriegel, G. (2003): Tafeltrauben für den Weltmarkt – Ein Fallbeispiel aus dem Kleinen Norden Chiles. In: Struck, E. (Hrsg.): Ökologische und sozioökonomische Probleme in Lateinamerika. Passau, S. 87-96.
- Dittrich, C. (2004): Bangalore – Globalisierung und Überlebenssicherung in Indiens Hightech-Kapitale. Studien zur geographischen Entwicklungsforschung. Heft 25, Verlag für Entwicklungspolitik: Saarbrücken.
- Birdsall, N. (2002): "From Social Policy to an Open-Econnomy Social Contract in Latin America". In: Center for Global Development, Working Paper 21 (12/2002): http://www.cgdev.org/content/publications/detail/2769 am 16.12.2005.
- Boekh, A. (2002): Neoliberalismus oder was? Neoliberalismus und soziale Gerechtigkeit in Lateinamerika. In: MATICES, Bd.32. http://www.matices.de/32/neoliberalismusoderwas am 27.11.2005
- Bohle, H.J. (2002): Vulnerability- editorial to the Special Issue. In: Geographica Helvetica, Bd.57/1, S. 2-4.
- Borsdorf, A. (2001): Chile - Globalisierte Raumentwicklung und Geisteshaltung. In: Borsdorf, A. (Hrsg.): Lateinamerika im Umbruch – Geistige Strömungen im Globalisierungsstress. Innsbruck, S. 7-18.
- Borsdorf, A. (2002): Vor verschlossenen Türen - Wie neu sind die Tore und Mauern in lateinamerikanischen Städten? Eine Einführung. In: Geographica Helvetica, Bd.57/4, S. 238-244.
- Cannon, T., Twigg, J., Rowell, J.: "Social Vulnerability, Sustainable Livelihoods and Disasters- Report to DFID -Conflict and Humanitarian Assistance Department (CHAD) and Sustainable Livelihoods Support Office." DFID - Department for International Development In: http://www.livelihoods.org/info/docs/vulnerability.doc am 16.12.2005.
- Coy, M. (2001): Globalisierung in Brasilien: Raumwirksamkeit und Reaktionen. Beispiele aus städtischen und ländlichen Regionen. In: Borsdorf, A. (Hrsg.): Lateinamerika im Umbruch – Geistige Strömungen im Globalisierungsstress. Innsbruck, S. 19-34.
- Coy, M. und Pöhler, M. (2002): Condominios fechados und die Fragmentierung der brasilianischen Stadt. Typen – Akteure – Folgewirkungen. In: Geographica Helvetica, Bd. 57/4, S. 264-277.
- Delgadillo, V. (2004): Die Peripherie im Zentrum. Die Rehabilitierung der Altstädte führt zu neuen sozialen Ausschluss. In: Lateinamerika Nachrichten, Bd.31/358, S. 37-41.
- Escher, A. (1999): Der Informelle Sektor in der dritten Welt. Plädoyer für eine kritische Sicht. In: Geographische Rundschau, Bd.51/12, S. 658-659.
- Fuchs, M. (2003): Globalisierung, Dependenzen und Abkopplungen: Zur Verursachung von Armut in Mexiko. In: Geographische Rundschau, Bd. 55/10, S. 20-25.
- Fahlbusch, B. (2004): Städtisches Leben. Veränderungen in der urbanen Kultur Mexiko – Stadts. In: Lateinamerika Nachrichten, Bd.31/358, S. 45-47.

- Fischer, K. und Parnreiter, C. (2002): Transformation und neue Formen der Segregation in den Städten Lateinamerikas. In: Geographica Helvetica, Bd.57/4, S. 245-252.
- Haan, L. (2002): About trade and trust – the question of livelihood and social capital in rural-urban interactions. In: Baud, I. und Post, J. (Hrsg.): Realigning actors in an urbanizing world. Aldershot, S. 243-264.
- Jachnow, A. (2004): Zerbrechende Stadtlandschaft. Zustand und Zukunft des urbanen Lateinamerika. In: Lateinamerika Nachrichten, Bd. 31/358, S. 32-36.Kanitscheider, S. (2004): Condominios und fraccionamientos cerrados in Mexiko – Stadt. Sozialräumliche Segregation am Beispiel abgesperrter Wohnviertel. In: Geographica Helvetica, Bd.57/4, S. 253-263.
- Maier, T. (2004): Guayaquil - eine Stadt im Wandel. Bürgermeister Jaime Nebot zieht ein ehrgeiziges Strukturprogramm durch. In: Lateinamerika Nachrichten, Bd. 31/ 358, S. 42-45.
- Müller, K. (2001): Die neue Rentenorthodoxie in Lateinamerika und Osteuropa. In: Jäger, J. (Hrsg.): Sozialpolitik in der Peripherie. Wien, S. 239 - 253.
- Müller-Mahn. (2002): Globalisierung - Definitionen und Fragestellungen. In: Geographische Rundschau, Bd.54/10, S. 4-5.
- Neuburger, M. (2001): Landrechte in Brasilien – Zur Bedeutung institutioneller Regelungen für Verwundbarkeit und Überlebensstrategien kleinbäuerlicher Gruppen. In: Geographica Helvetica, Bd. 56/1, S. 34 47.
- Neuburger, M. (2002): Neue Armut im ländlichen Brasilien – Kleinbäuerliche Familien in der globalisierten Welt. In: Geographische Rundschau, Bd. 55/10, S. 12-19.
- Niggli, P. (2005): Nach der Globalisierung. Entwicklungspolitische Perspektiven im 21. Jahrhundert, Rotpunktverlag: Zürich.
- Parnreiter, C. (2001): Informalisierung von „unten" oder von „oben"? Über das Wachstum des informellen Sektors in den Jahren der lateinamerikanischen Transformation. In: Borsdorf, A. (Hrsg.): Lateinamerika im Umbruch – Geistige Strömungen im Globalisierungsstress. Innsbruck, S. 87-97.
- Post, J. und Baud, I. (2002): Evolving views in urban and regional development debates in Africa, Asia and Latin America: Introducing the key themes. In: Baud, I. und Post, J. (Hrsg.): Realigning actors in an urbanizing world. Aldershot, S. 1-21.
- Sangmeister, H. (2000)a: Entwicklung mehr als nur Wirtschaftswachstum – Für Lateinamerika werden neue Entwicklungsstrategien gesucht – jenseits des „Washingtoner Konsensus". In: Brennpunkt Lateinamerika, Heft 11, S. 109-120.
- Sangmeister, H. (2000)b: Lateinamerikas wirtschaftliche Entwicklung im Zeitalter der Globalisierung: Liberalisierung, regionale Integration und Weltmarktorientierung. In: Nolte, D. (Hrsg.):Lateinamerika: ökonomische, soziale und politische Probleme im Zeitalter der Globalisierung. Hamburg, S. 9-28.
- Sangmeister, H. (2001): Armut und Armutsbekämpfung in Lateinamerika. In: Brennpunkt Lateinamerika, Heft 14, S. 149-160.

- Sangmeister, H. (2004): Lateinamerika in der globalisierten Wirtschaftswelt. In: Brennpunkt Lateinamerika, Heft 10, S. 105-116.
- Schneider, H. (1999): Soziale Strategien der Risikominimierung im informellen Sektor. In: Geographische Rundschau, Bd. 51/12, S.662-667.
- Scholz, F. (2000): Perspektiven des „Südens" im Zeitalter der Globalisierung. In: Geographische Zeitschrift, Bd. 88/1, S.1-19.
- Scholz, F. (2002): Die Theorie der „fragmentierenden Entwicklung". In: Geographische Rundschau, Bd.54/10, S. 6-11.
- Scholz, F. (2003): Globalisierung und „neue Armut". In: Geographische Rundschau, Bd.55/10, S. 4-10.
- Stevens, C., Deyereux, S., Kennan, J. (2003): "International trade, livelihoods and food security in developing countries". In: IDS - Institute of Development Studies, Working Paper 215 (12/2003): http://www.ids.ac.uk/ids/bookshop/wp/wp215.pdf am 16.12.2005
- Ströbele-Gregor, J. (2001): Frauenwelten im Umbruch – zur Lage von Frauen in Lateinamerika. In: Borsdorf, A. (Hrsg.): Lateinamerika im Umbruch – Geistige Strömungen im Globalisierungsstress. Innsbruck, S. 155-165.
- Watts, M. (2002): Hour of darkness: Vulnerability, security and globalization. In: Geographica Helvetica, Bd.57/1, S. 5-18.
- Wegelin, E. (2002): Urban poverty reduction options at local level in a globalizing world. In: Baud, I. und Post, J. (Hrsg.): Realigning actors in an urbanizing world. Aldershot, S. 349-371.

8. Anhang

Abb.1: Entwicklung der absoluten Armut nach Regionen des Südens 1987-1998 (Scholz 2003, S.6)

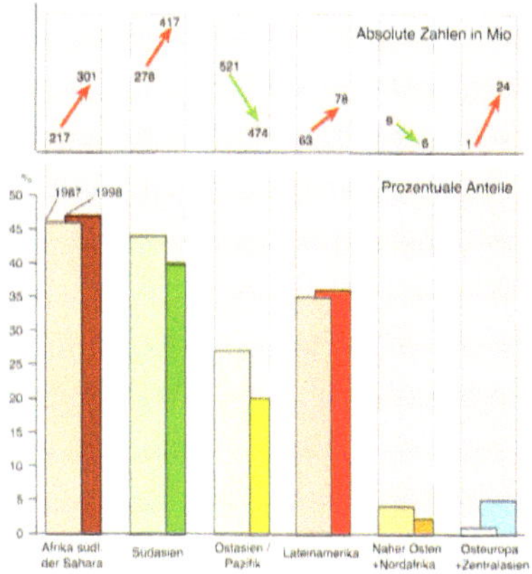

Abb.2: Länder, dargestellt nach Einkommensungleichheit mittels GINI Koeffizient. (Quelle: United Nations Human Development Report 2004, http://de.wikipedia.org/wiki/Gini-Koeffizient am 1.12.2005)

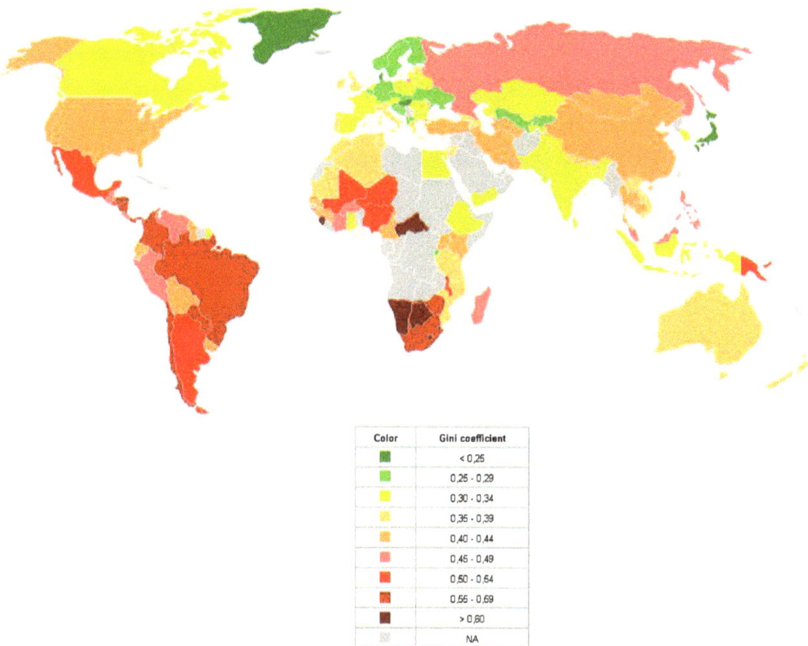

Abb.3: Sustainable Livelihoods Konzept (Dittrich 2004, S. 103)

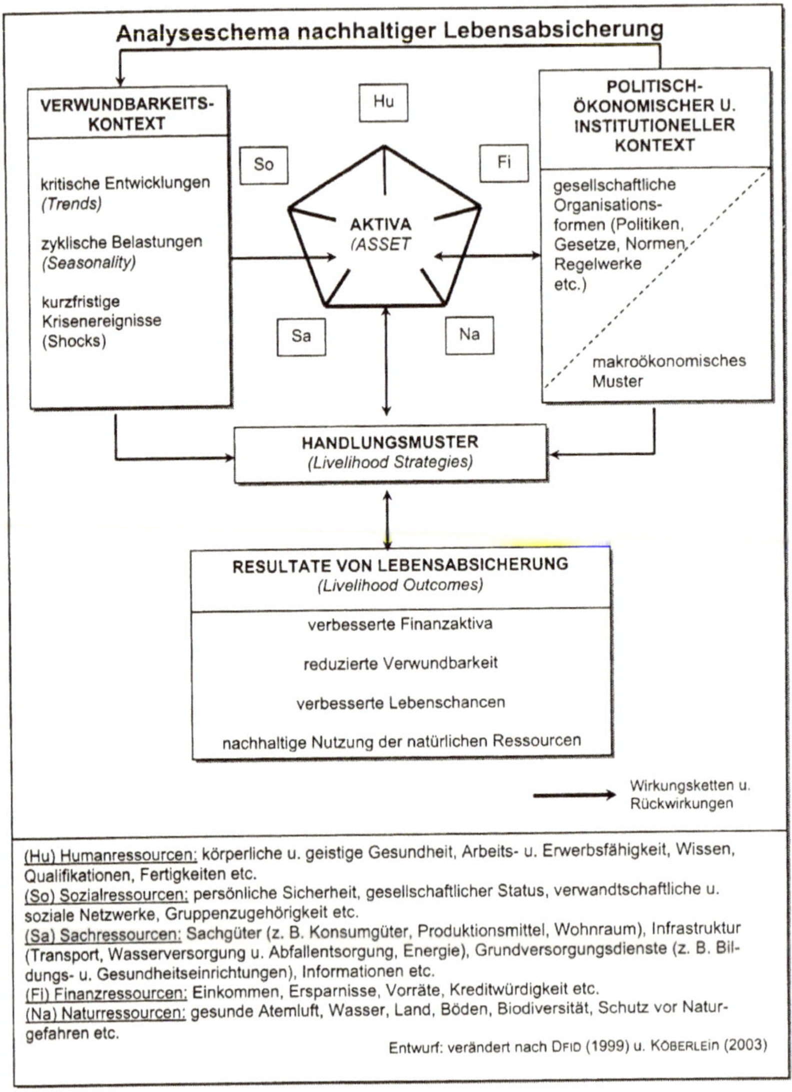

(Hu) Humanressourcen: körperliche u. geistige Gesundheit, Arbeits- u. Erwerbsfähigkeit, Wissen, Qualifikationen, Fertigkeiten etc.
(So) Sozialressourcen: persönliche Sicherheit, gesellschaftlicher Status, verwandtschaftliche u. soziale Netzwerke, Gruppenzugehörigkeit etc.
(Sa) Sachressourcen: Sachgüter (z. B. Konsumgüter, Produktionsmittel, Wohnraum), Infrastruktur (Transport, Wasserversorgung u. Abfallentsorgung, Energie), Grundversorgungsdienste (z. B. Bildungs- u. Gesundheitseinrichtungen), Informationen etc.
(Fi) Finanzressourcen: Einkommen, Ersparnisse, Vorräte, Kreditwürdigkeit etc.
(Na) Naturressourcen: gesunde Atemluft, Wasser, Land, Böden, Biodiversität, Schutz vor Naturgefahren etc.

Entwurf: verändert nach DFID (1999) u. KÖBERLEIN (2003)

Abb.4: Entwicklung der strukturellen Reformen in Lateinamerika zwischen 1985 und 1999 gemessen mit einem Index (Birdsall 2002, S. 29)

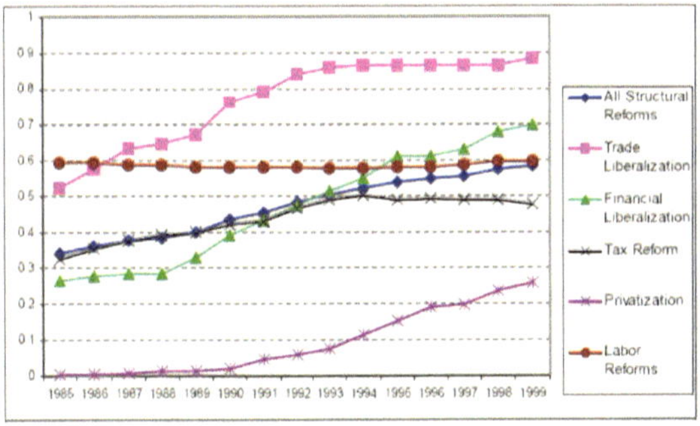

Source: Lora (2001)
Notes: * The regional average does not include the Dominican Republic, Honduras and Nicaragua ** Reforms Indexes 0-1 (1 higher reform depth)

Abb.5: Bestand an brasilianischen Direktinvestitionen im Ausland 2002 (Sangmeister 2004, S.107)

Land	Mio. US$	in %
Cayman-Inseln	16.465	37,9
Bahamas	6.958	16,0
Britische Jungferninseln	5.416	12,5
Spanien	2.953	6,8
USA	1.830	4,2
Uruguay	1.547	3,6
Argentinien	1.503	3,5
Portugal	1.186	2,7
Bermudas	1.103	2,5
Madeira	691	1,6
Panama	681	1,6
Gibraltar	444	1,0
Luxemburg	402	0,9
Niederlande	247	0,6
Kanada	222	0,5
Chile	168	0,4
Niederländische Antillen	156	0,4
Liberia	134	0,3
Mexiko	99	0,2
Ekuador	96	0,2
Deutschland	93	0,2
Großbritannien	91	0,2
Italien	77	0,2
Frankreich	59	0,1
Bolivien	53	0,1
Japan	52	0,1
Peru	47	0,1
Paraguay	29	0,1
Kolumbien	26	0,1
Sonstige Länder	568	1,3
Summe	**43.397**	**100,0**

Quelle: Sociedade Brasileira de Estudos de Empresas Transnacionais e da Globalização Econômica (2004): Investimento direto brasileiro no exterior, Carta da SOBEET, 4, Nr. 29, São Paulo.

Brennpunkt Lateinamerika Nr. 10-04 107